DAS HELVETIKUM UND ULTRAHELVETIKUM

- 17 **Steinkohle** Pechgraben
- 18 **Kornstein** Scharnstein
- 19 **Klippe** Konradsheim
- 20 **Buntmergelserie** Viechtwang
- 21 **Buch-Denkmal** Großraming

QUARTÄRZEITLICHE ABLAGERUNGEN UND GELÄNDEFORMEN

- 22 **Bergsturz** Grünau
- 23 **Traunfall** Roitham
- 24 **Windloch** St. Ulrich
- 25 **Rinnerberger Klamm** Leonstein
- 26 **Dr. Vogelgesang-Klamm** Spital am Pyhrn
- 27 **Teufelskirche** St. Pankraz
- 28 **Rinnende Mauer** Molln
- 29 **Pießling-Ursprung** Roßleithen
- 30 **Kalktuff** Gaissulz

Sonnenuntergang hinter der Kirche von Magdalenaberg westlich von Schlierbach. Die vor etwa 500 Jahren gebaute Kirche ist nach menschlichen Maßstäben sehr alt. Sie steht auf Sandstein aus der späten Kreide-Zeit, der vor 75 Millionen Jahren entstand und daher nach erdgeschichtlichen Dimensionen ziemlich jung ist.

Dieses Buch ist der Erinnerung an den österreichischen Geologen Siegmund Prey (1912–1992) gewidmet

„So einer war schon einmal da. Bei jedem Wetter ist er losgezogen und meistens waschelnass und saudreckig heimgekommen." Auch nach 40 Jahren konnten sich meine fürsorglichen Gastgeber im gemütlichen Gästehaus „Kollinger" in Viechtwang im Almtal noch gut an Siegmund Prey erinnern. Damals hatten sie noch das Wirtshaus im Ort geführt, und Prey war oft wochenlang ihr Gast gewesen, um geologische Karten der weiteren Umgebung anzufertigen.

Die Ergebnisse dieser Arbeiten hatte ich mit dabei, als ich im Jahr 1987 selbst zur geologischen Geländearbeit nach Viechtwang kam. Siegmund Prey war damals schon längst Chefgeologe im Ruhestand. Das hinderte ihn aber nicht daran, sich weiter geologisch zu betätigen und regelmäßig an seine frühere Dienststelle, die Geologische Bundesanstalt, zu kommen, wo er noch einen Arbeitsplatz hatte. Gelegenheit für mich, ihn mit Fragen zur Geologie der sogenannten Flyschzone zu nerven, die heute Rhenodanubische Zone genannt wird. Für dieses voralpine Gebiet, das vom Wienerwald bis zum Bregenzerwald reicht, war Siegmund Prey die unangefochtene Autorität und konnte aus dem Stegreif unglaublich detaillierte Vorträge dazu halten.

Wälder, Kuhweiden, grüne Hügel, Bauernhäuser. Trotz ihrer oft hübschen Landschaft ist die Rhenodanubische Zone bei Geologen wenig beliebt. Denn zum einen ist die von Sandsteinen und tonigen Gesteinen aufgebaute Gesteinsabfolge ziemlich monoton und langweilig, zum andern sind diese Gesteine meistens unter Böden mit einer üppigen Vegetation verborgen. Siegmund Prey prägte für diesen Landschaftstyp den Begriff „Spinatlandschaft", möglicherweise in Anlehnung an den Schriftsteller Heimito von Doderer, der von der „spinatgrünen Erhabenheit" des Wienerwalds gesprochen und diese Hügellandschaft treffend als „Gemugel" bezeichnet hatte.

Kann durchaus sein, dass einer dort stundenlang „mugelauf" und „mugelab" rennt, ohne den winzigsten Stein zu finden. Wiese und Wald, ein netter Landaufenthalt. Aber eigentlich wollen wir doch wissen, wie es unter dem Spinat ausschaut. Da hilft alles nichts, da gibt's nur eins: hinein in die kleinen Kerbtäler, die Bäche in das Gemugel gegraben haben. Dort unten ist der Fels oft freigelegt, oder wie die Geologen sagen: anstehend. Finden sie so eine Stelle mit anstehendem Gestein, sprechen sie von einem Aufschluss oder davon, dass das Gestein dort aufgeschlossen ist.

Im Gemugel der Spinatlandschaft wird jeder Aufschluss hart erkämpft, indem man sich die meiste Zeit durch schattige, verwachsene Bachläufe bewegt, um am Ende eines solchen Kartierungstags dreckverschmiert, mit nassen Füßen und vom Stacheldraht der Weidezäune zerrissenen Kleidern zurück in die Unterkunft zu kommen. Oft ist die Vorwärtsbewegung in diesen Gräben eher ein Schliefen als ein Gehen. Nicht von ungefähr hatte Prey daher den Spitznamen „Gschlief von Rogatsboden" und betrachtete ihn als Ehrentitel. Vor allem, weil der Name Bezug nimmt auf zwei Gebiete, zu denen Siegmund Prey grundlegende Arbeiten verfasst hat: den Gschliefgraben bei Gmunden und den niederösterreichischen Rogatsboden zwischen Gresten und Scheibbs.

Besonders zu Oberösterreich hatte Siegmund Prey stets enge Bindungen, nicht zuletzt durch seine Frau Karin, die eine geborene Gmundnerin war. So galt sein geologisches Hauptinteresse über lange Zeit hinweg der Gegend zwischen Trauntal und Kremstal, wo er nicht nur geologisch kartierte, sondern auch mit nur sandkorngroßen Mikrofossilien, sogenannten Foraminiferen, Gesteine altersmäßig einstufte. Zeitlebens ohne eigenes Auto, musste er bei seiner Arbeit weite Strecke zu Fuß zurücklegen und dabei auch noch den schweren Rucksack mit seinem Probenmaterial schleppen. Was ein Geologe nicht in den Beinen hat, hat er auch nicht im Kopf. Diese Feststellung eines berühmten deutschen Kollegen könnte man als Leitsatz auch für die unermüdliche geologische Tätigkeit nehmen, der Siegmund Prey bis zu seinem Lebensende begeistert huldigte.

Der Scheidelbach südlich von Nußbach (OÖ) hat diesen Aufschluss in der Rhenodanubischen Zone geschaffen. Jede der nach Süden geneigten Lagen war in der späten Kreide-Zeit einmal flacher Meeresboden und wurde erst viel später, im Zug der Gebirgsbildung, gekippt. Die harten Sandsteinbänke leisten dem Bach mehr Widerstand und bilden daher kleine Stufen im Bachbett, während die dazwischenliegenden weicheren tonigen Gesteine oft mit Geröll bedeckt sind.

Inhalt

3. Teil Das Helvetikum und Ultrahelvetikum 78

4. Teil Quartärzeitliche Ablagerungen und Geländeformen 104

Als eine Art wissenschaftshistorische Reliquie wird dieser Hammer, den der berühmte österreichische Geologe Franz Toula (1845–1920) auf seinen Forschungsfahrten im östlichen Balkan und auf der Krim benutzte, in den Sammlungen der Geologischen Bundesanstalt gehütet.

Vorwort

Oft lecke ich an den Steinen. Natürlich nicht einfach so und irgendwo, sondern zuerst schlage ich mit dem Hammer ein Stück Gestein herunter, befeuchte mit der Zunge die frische Bruchfläche und betrachte diese dann mit einer starken Lupe. Durch die Feuchtigkeit sind die Kontraste schärfer und die Gesteinskomponenten besser sichtbar. Zufällig des Wegs kommende Passanten können den Sinn dieses Treibens natürlich nicht leicht erkennen, und so hat man als Geländegeologe rasch den Ruf, nicht ganz bei Trost zu sein oder, wie man in Österreich sagt, „einen Hammer" zu haben. Zumindest gegen die letzte Charakterisierung kann ein Geologe kaum etwas einwenden.

Hat man sich erst einmal daran gewöhnt als harmloser Narr zu gelten, der mit seinem Hammer durch die Gegend läuft, gehört die geologische Feldforschung sicher zu den interessantesten und freiesten Berufen, die es gibt. Kaum ein anderer Beruf bietet heute sonst noch die Möglichkeit, monatelang allein in der Natur unterwegs zu sein und jeden Tag etwas Neues zu entdecken.

Dass beim Wühlen in der Vergangenheit allerlei Verblüffendes zu Tage kommt, ist ja gut und schön, aber muss uns heute wirklich noch kümmern, was vor furchtbar langer Zeit geschah? Bringt das noch etwas anderes als die Selbstverwirklichung schrulliger Naturapostel? Die Bejahung dieser Frage ist einfach, denn Vorgänge, die vor Jahrmillionen auf der Erdoberfläche abliefen, könnten auch heute genauso wieder ablaufen. Was geschehen ist, kann wieder geschehen. Wenn wir wissen wollen, was auf der Erde jenseits unserer Alltagserfahrung alles möglich ist, müssen wir Geologie betreiben, denn unsere Art ist viel zu kurz auf der Erde, um zu wissen, was hier wirklich los ist. Viele Vorgänge kennen wir nicht aus eigener Anschauung oder aus schriftlichen Berichten, sondern nur durch die Informationen, die in den Sedimentgesteinen gespeichert sind. Sie sind das einzige Archiv und Gedächtnis der Erde. Ohne sie wüssten wir nichts von der Existenz extremer Klimaschwankungen, die großräumige Vergletscherungen der Erdoberfläche genauso bewirken können wie eine völlig eisfreie Erde. Genauso wenig hätten wir eine Ahnung von vulkanischen Supereruptionen oder von den Einschlägen großer Himmelskörper auf der Erde. Und auch von der Entwicklungsgeschichte der Lebewesen und damit von unserer eigenen Geschichte hätten wir ohne die Sedimentgesteine keine vernünftige Vorstellung.

Natürlich gibt es für geowissenschaftliche Forschung auch noch viele andere Gründe, die unser tägliches Leben unmittelbar betreffen: die Suche nach Rohstoffen, die Sicherung der Wasserversorgung, die Planung von Bauvorhaben, die Abschätzung von Gefahren wie Hangrutschungen und Felsstürze. In jeder Gegend gibt es eine Menge solcher Geochancen und Georisiken, und entscheidend für ihre Beurteilung sind geologische Karten, auf denen die Verteilung der an der Landoberfläche auftretenden Gesteine dargestellt ist. Jedes Gestein hat auf der Karte seine eigene Farbe oder Signatur.

Um solche Karten anzufertigen, laufen Geologen mit ihrem Hammer und anderer Ausrüstung durch die Landschaft. In der Literaturgeschichte tauchen diese Kartierer das erste Mal 1857 auf, in Adalbert Stifters Roman „Der Nachsommer". Dieses Buch war in meinem Gepäck, als ich meine eigenen Arbeiten in Oberösterreich im Jahr 1982 begann. Seither war ich beruflich mehr als tausend Tage in den oberösterreichischen Alpen unterwegs und es macht mich stolz, dass die geologischen Karten des oberösterreichischen Alpenrands, ein kompliziertes Gebiet mit einer Ausdehnung von immerhin rund 2.500 km², nun bald vollständig gedruckt vorliegen werden und auch im Internet frei zugänglich sind (www.geologie.ac.at).

Eine Auswahl der wichtigsten Geotope (so werden die aussagekräftigsten und eindrucksvollsten Teile des Gesteinarchivs genannt), die ich bei diesen jahrzehntelangen Forschungen kennengelernt habe, wurden für das vorliegende Buch zusammengestellt. Diese Geotope stammen aus mehreren großen Baueinheiten der Alpen, von denen jede für sich in einem eigenen Kapitel vorgestellt wird. Diese alpinen Großeinheiten sind die Nördlichen Kalkalpen, das Rhenodanubikum und das Helvetikum und Ultrahelvetikum. Das vierte Hauptkapitel beschäftigt sich mit der Quartär-Zeit, die ihre Ablagerungen auf allen Baueinheiten hinterlassen hat. Im Quartär erfolgte im Wesentlichen die Gestaltung der heutigen Landschaft.

Salopp formuliert könnte man sagen, dass im vorliegenden Buch geologische „Schmankerl" aus den oberösterreichischen Alpen aufgetischt werden und auch über den Tellerrand ins benachbarte Niederösterreich geblickt wird. Ich kann nur hoffen, dass die geologischen Delikatessen schmecken und wünsche Ihnen:

Guten Appetit!

1. Teil

Die Nördlichen Kalkalpen

Der Morgennebel lichtet sich und gibt den Blick frei auf die Ostwand des Warschenecks (2.388 m). Sie wird von rund 220 Millionen Jahre altem Dachsteinkalk aufgebaut, der während der späten Trias-Zeit in einer wenige Meter tiefen tropischen Meereslagune entstand.

Alpine Tiefstapelei

Die Alpen sind ein Deckengebirge, d.h. sie bestehen aus riesigen Gesteinspaketen (Decken), die von ihrem Untergrund losgerissen und wie ein dicker Stoß gewaltiger Spielkarten übereinander geschoben wurden. Im Ablagerungsraum der Gesteine der zukünftigen Nördlichen Kalkalpen entstanden die ersten Decken bereits in der Jura-Zeit. In der mittleren Kreide-Zeit kam es erneut zur Deckenbildung und ein weiterer Höhepunkt wurde ab der mittleren Eozän-Zeit erreicht, als vor 42 Millionen Jahren zwei große Erdkrustenplatten zusammenstießen. Wie zwischen den Backen eines gigantischen Schraubstocks wurden dabei in der Knautschzone zwischen den Platten die Gesteine verschoben und gestapelt. Bis zu dieser Plattenkollision war der Deckenstapel der zukünftigen Nördlichen Kalkalpen noch südlich der heutigen Zentralalpen beheimatet gewesen. Erst im Lauf der darauffolgenden Bewegungen, die bis in die Miozän-Zeit (20 Millionen Jahre vor heute) andauerten, kam er in seine heutige Position und begann sich hier als Teil der Ostalpen herauszuheben.

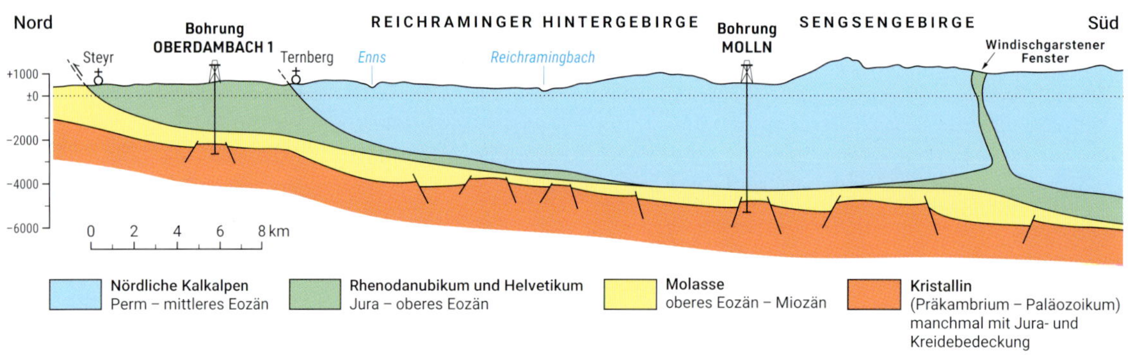

Erst die tiefen Bohrungen der Erdölindustrie (s.a. Übersichtskarte am Anfang des Buches) erbrachten den endgültigen Nachweis des Deckenbaus der Ostalpen. Die Sedimentgesteine der Nördlichen Kalkalpen, des Rhenodanubikums und des Helvetikums wurden viele Kilometer weit über die Molasseablagerungen geschoben. Diese wurden von einem Meer über den südlichen Ausläufern des Kristallins des Mühl- und Waldviertels abgelagert (nach Wessely, 1991).

Blick vom Trämpl (1.442 m) im Reichraminger Hintergebirge nach Westen. Vorne rechts die Rotwagmauer (1.191 m), dahinter das Rotgsol (1.560 m), die beide aus Jurakalken bestehen. Am Rotgsol wurde zwischen dem 17. und dem 19. Jahrhundert Manganerz abgebaut. Die Tiefbohrung Molln 1 stand in den Jahren 1987–1989 im Tal der Krummen Steyrling zwischen Rotwagmauer und Rotgsol. Der Gipfel des Rotgsol liegt 970 m über dem Talboden, die Basis der Kalkalpen liegt in der Bohrung 4.665 m unter dem Talboden. Die Hauptmasse der kalkalpinen Decken ist also im Untergrund verborgen.

Da könnte ja jeder daherkommen und behaupten unsere Berge, ein Sinnbild für Standfestigkeit und Unverrückbarkeit, seien die reinsten Wandervögel. Das ist doch völlig unvorstellbar, und wer soll solchen Quatsch glauben? Ist auch keine Glaubenssache und hat nichts mit Metaphysik zu tun, denn glücklicherweise gibt es handfeste Beweise für die Existenz von Decken in den Nördlichen Kalkalpen. Solche fanden sich beispielsweise in den zwei tiefsten Löchern Oberösterreichs, der 5.209 m tiefen Bohrung Grünau im Almtal und der 5.618 m tiefen Bohrung Molln im Reichraminger Hintergebirge, die beide auf der Suche nach Erdöl und Erdgas in die Erdkruste getrieben wurden.

Durchlöcherte Decken

Die Bohrung Molln befand sich im Tal der Krummen Steyrling bei Scheiblingau, und lag ziemlich genau an der Nordgrenze des jetzigen Nationalparks Kalkalpen, der aber damals, im Jahr 1987, noch nicht eingerichtet war. Es dauerte mehr als zwei Jahre bis der dicke Stapel von Sedimentgesteinen durchbohrt und das kristalline Grundgebirge im Untergrund der Alpen erreicht war. Dieses Kristallin ist die südliche Fortsetzung der Gesteine des Mühlviertels, auf denen in der Bohrung Kalke und Sandsteine aus der Jura- und Kreide-Zeit liegen. Diese werden wiederum von eozänen bis oberoligozänen Meeresablagerungen bedeckt, die zwischen 35 und 25 Millionen Jahre alt sind und zur sogenannten Molasse gerechnet werden.

Die vom Jura bis ins Oligozän reichende Sedimentabfolge im tieferen Teil der Bohrung Molln zeigt große Lücken, weil das Gebiet in Zeiten niedriger Meeresspiegel nicht vom Meer überflutet war. Während dieser Episoden fand keine Sedimentation statt, vielmehr kam es zur Abtragung älterer Ablagerungen. Trotz dieser Schichtlücken ist es eine Sedimentabfolge, wie sie sein soll: das Junge liegt oben, das Alte unten, weil sich ja im Lauf der Zeit eine Schicht über die andere legte.

Aber darüber beginnt in der Bohrung Molln das Durcheinander, denn über dem Oligozän liegen Kreideablagerungen, die 60 Millionen Jahre vor dem Oligozän gebildet wurden. Dafür gibt es nur eine

Der Nordrand der Kalkalpen im Ortsgebiet von Laussa wird von einer Wand aus obertriassischer Opponitzer Rauwacke gebildet. Sie überschiebt Gesteine aus der Kreide-Zeit, die das Wiesengelände links im Bild aufbauen und bereits zum Rhenodanubikum gehören.

Erklärung: die Kreidegesteine gehören zu einer Decke, die von Süden her über das Oligozän geschoben worden ist. Diese nördlichste alpine Decke wird als Helvetikum bezeichnet. Und direkt über dem Helvetikum liegen die über 200 Millionen Jahre alten Triasgesteine der Nördlichen Kalkalpen, die einen ganzen Stapel von Decken bilden, der ab der Eozän-Zeit nach Norden über das Helvetikum und die Molasse bewegt wurde.

Zwischen Kalkalpen und Helvetikum steckt oft noch eine weitere Einheit, die aber in der Bohrung Molln nicht angetroffen wurde, das Rhenodanubikum. Offensichtlich ist es unter den Kalkalpen nur lückenhaft vorhanden, die wie eine Schubraupe das Rhenodanubikum vor sich herschoben. Daher kommen die Gesteine dieser Einheit, vor allem Sandsteine und Mergel, heute vor allem nördlich der Kalkalpen vor, es gibt aber auch kleine Vorkommen innerhalb der Kalkalpen.

Stellen, an denen die Unterlagerung einer Decke sichtbar ist, nennt man Fenster. Ein Fenster ist also nichts anderes als ein natürlich entstandenes Loch in einer Decke, durch das man sehen kann, was unter der Decke steckt. Fenster können durch Erosion der überlagernden Decke entstehen oder dadurch, dass bei späteren Bewegungen der Erdkruste, Material aus der Unterlagerung der Decke nach oben transportiert wurde. Ein derartiges an eine junge Bewegungsfläche gebundenes Fenster befindet sich 15 km südlich der Bohrung Molln, bei Windischgarsten. Dort kommen am Wurbauerkogel Gesteine des Rhenodanubikums mitten in den Kalkalpen bis an die Erdoberfläche. Leider sind diese Gesteine derzeit kaum zu sehen, wegen der tollen Aussicht vom Panoramaturm (wurbauerkogel.at), lohnt sich der Besuch aber trotzdem.

Flott unterwegs

Wer seine Hand auf eine Überschiebungsfläche legen will, hat dazu am Nordrand der Kalkalpen Gelegenheit. Besonders eindrucksvoll ist dieser in der Umgebung von Laussa, wo eine etwas nördlich der Kirche gelegene Felswand aus obertriassischen Karbonatgesteinen die Grenze zwischen Kalkalpen und Rhenodanubikum bildet. Die Kalkalpen wurden dort an das Rhenodanubikum angepresst, dadurch wurde die Basis der Kalkalpen, die ursprünglich flach nach Süden geneigt war, fast senkrecht aufgestellt. Weil die tonreichen Gesteine des Rhenodanubikums leichter abgetragen werden als die harten Karbonatgesteine, bilden diese heute die markante Wand am Kalkalpennordrand.

Die Gesteine des Rhenodanubikums wurden im Penninischen Ozean abgelagert, der im Norden des Ablagerungsraums der kalkalpinen Gesteine lag. Penninikum kommt auch in den Zentralalpen vor, im sogenannten Tauernfenster zwischen Katschberg und Brennerpass. Die kalkalpinen Gesteine müssen

Blick von der Schaumbergalm im Reichraminger Hintergebirge nach Südwesten auf das Sengsengebirge, dessen höchster Gipfel, der Hohe Nock (1.963 m), sich in der Mitte des rechten Bilddrittels befindet. Nach dem Höllengebirge bildet das Sengsengebirge und die daran westlich anschließende Kremsmauer das größte Vorkommen von mitteltriassischem Wettersteinkalk in Oberösterreich.

Die Haselgrabenschlucht im Reichraminger Hintergebirge durchschneidet die östlichste Fortsetzung des Wettersteinkalks des Sengsengebirges. An der linken Felswand sind eiserne Halter erkennbar, auf denen einst ein Steg für die Holztrift angelegt war. In der Schlucht treten mehrere große Karstquellen aus, die sogenannten Haselquellen.

demnach südlich der heutigen Zentralalpen gebildet worden sein und haben sich über diese hinweg nach Norden bewegt. Um in ihre heutige Position zu kommen, mussten sie eine Distanz von mindestens 60 km bewältigen. Die Kalkalpen legten diese Strecke in ungefähr 20 Millionen Jahren zurück, woraus eine durchschnittliche Bewegungsgeschwindigkeit von drei Millimetern pro Jahr abgeleitet werden kann.

Während diese Bewegungen abliefen, waren die Kalkalpen noch kein Gebirge. Wie aus Meeresablagerungen in Tirol geschlossen werden kann, war das Gebiet der heutigen Kalkalpen etwa bis zur Mitte der Oligozän-Zeit (etwa 28 Millionen Jahren vor heute) vom Meer bedeckt, war danach lange Zeit ein Flachland, und erst im Lauf der letzten zehn Millionen Jahre erfolgte die Entwicklung zum Mittel- oder Hochgebirge. Auch diese Hebung ist Folge des Deckenbaus und der dadurch verursachten Verdickung der Erdkruste. Diese „schwimmt" auf einer plastischen Unterlage und verhält sich wie ein Eisberg im Wasser: je dicker der Eisberg ist, desto weiter ragt er über die Wasseroberfläche hinaus. Je dicker die Erdkruste im Bereich eines Gebirges ist, desto höher sind die Berge.

Was ist ein Berg?

Die Kalkalpen und auch kein anderes Gebirge der Erde sind in ihrer heutigen Form emporgestiegen, sondern ihr Aussehen ist das Ergebnis der Erosion. Anders gesagt: Berge sind das, was die Erosion vorerst stehengelassen hat, aber im Lauf der Zeiten noch wegräumen wird. Viel wurde schon fortgeschafft, vor allem jene Gesteine, die ursprünglich ganz oben lagen. Daher sind Oligozän- bis Oberkreidesedimente in den Kalkalpen nur dort erhalten geblieben, wo sie vor der Erosion besonders geschützt waren. Das waren vor allem kleine Absenkungszonen der Erdkruste, wie sie entlang von großen Störungszonen auftreten können. Auch große Teile der Unterkreide- und Jurabedeckung sind bereits der Erosion zum Opfer gefallen. Derartige Gesteine blieben vor allem in sogenannten Muldenzonen erhalten, die entstehen, wenn Gesteine einer Decke bei der Deformation wellig zusammengeschoben werden (die Geologen sprechen dann von einem Faltenbau). In den muldenförmigen Wellentälern (Synklinalen) bleiben die jüngeren Gesteine am längsten von der Erosion verschont, während sie an den sattelförmigen Wellenbergen (Antiklinalen) als erstes abgetragen werden.

Der Ablagerungsraum der kalkalpinen Gesteine

Durch ihre nordwärts gerichtete Bewegung liegen die Kalkalpen heute auf einem fremden Untergrund, also nicht auf der Erdkruste, auf der sie ursprünglich abgelagert wurden. Was war das für ein Ablagerungsraum? Die einzige Möglichkeit eine Vorstellung davon zu bekommen, ist ein genauer Blick auf die Sedimentgesteine. Sie sind das einzige Archiv, das uns Auskunft geben kann, welche Umweltbedingungen zur Zeit der Gesteinsbildung herrschten.

Jetzt aber der Reihe nach: Das älteste Gestein der Kalkalpen hat den seltsamen Namen Haselgebirge, stammt aus der Perm-Zeit und ist ungefähr 260 Millionen Jahre alt. Im damaligen heißen Klima verdunstete das Meerwasser, das sich während der Flut in flachen Senken entlang einer kargen ebenen Küstenlandschaft ansammelte, die vergleichbar mit der Gegend am heutigen Persischen Golf ist.

Der östlichste Gletscher der Alpen ist der Hallstätter Gletscher auf der Nordabdachung des Dachsteinmassivs. Nach dem Dachstein (2.995 m), dem höchsten Gipfel Oberösterreichs, ist der obertriassische Dachsteinkalk benannt, der auch die Hauptmasse des Toten Gebirges und der Warscheneck-Gruppe bildet. Außerhalb Oberösterreichs konnten Äquivalente des Dachsteinkalks bis Asien nachgewiesen werden.

Die nur wenig nordwestlich von der Haselgrabenschlucht gelegene Große Schlucht ist in Hauptdolomit angelegt. Rechts ist der ehemalige Steig für die Holztrift zu sehen, der zu einem Klettersteig ausgebaut wurde.

Durch die Verdunstung stieg die Salzkonzentration des Meerwassers so stark an, dass Salz- und Gips ausgefällt wurden, deren Vorkommen das Haselgebirge auszeichnen. Damit sich am Meeresboden eine meterdicke Salzschicht bilden kann, müssen darüber etwa 600 m Meerwasser verdunsten. Ergiebige Salzlagerstätten können daher nur dann entstehen, wenn Meerwasser immer wieder in die Verdunstungswannen nachströmt. Gleichzeitig muss sich die Erdkruste stetig absenken, weil sonst die flachen Wannen rasch mit Salz oder Gips aufgefüllt worden wären.

In der Trias-Zeit beschleunigte sich die Absenkung der flachen Randmeere. Es bildete sich eine nur wenige Meter tiefe Meereslagune, die zeitweise nach Süden, zum offenen Meer hin, durch Korallenriffe abgeschirmt war. Benachbart zu den Riffen wurde in der nördlich anschließenden Lagune feinkörniger Kalkschlamm (Kalziumkarbonat) abgelagert, der heute in mächtigen Abfolgen dicker Kalkbänke vorliegt. Noch weiter im Norden, wo die Lagune seichter wurde und bei Ebbe oft trockenfiel, wurde Dolomitschlamm (Kalzium-Magnesium-Karbonat) gebildet.

Kalk und Dolomit lassen sich in der Landschaft meist schon wegen ihrer unterschiedlichen Verwitterungsformen gut unterscheiden. Kalk bildet oft senkrechte glatte Wände, während steile, schrofige Hänge typisch für den Dolomit sind. Vorsichtshalber haben Geologen immer auch ein Fläschchen 5-prozentiger Salzsäure mit dabei, die auf Kalk aufbraust und schäumt, während sie mit Dolomit keine Reaktion zeigt. Dolomit entsteht ausschließlich in sehr seichten Meeresgebieten. Da in der Jura- und Kreidezeit die Meerestiefen zu groß für die Dolomitbildung waren, kommt diese Gesteinsart in den Nördlichen Kalkalpen ausschließlich in der Trias vor.

Wer einige Tage durch die Nördlichen Kalkalpen wandert, wird wahrscheinlich die meiste Zeit auf triassischen Gesteinen marschieren. Ablagerungen aus der Trias-Zeit sind sozusagen das Rückgrat der Kalkalpen, denn sie bilden eine bis drei Kilometer dicke, oder wie die Geologen sagen, „mächtige" Gesteinsabfolge. Offenbar war die Bildung von Sedimenten in der Trias-Zeit besonders hoch. „Besonders hoch" heißt in diesem Zusammenhang, dass in tausend Jahren durchschnittlich etwa 6 cm Sediment gebildet wurden.

Gegen Ende der Trias-Zeit und in der Jura-Zeit zerbricht die Karbonatplattform in viele einzelne Erdkrustenschollen, die unterschiedlich stark abgesenkt werden. Dadurch entsteht am Meeresboden ein ausgeprägtes Relief, auf dem sich eine entsprechende Vielfalt verschiedener Kalktypen absetzt. Viele diese Ablagerungen sind dünnbankiger als die triassischen Seichtwassersedimente. Die Mächtigkeit der Gesteine aus der Jura-Zeit (201–145 Millionen Jahre vor heute) beträgt höchstens wenige hundert Meter. Häufig kommen im Jura rotgefärbte Kalke vor, typisch für den Oberjura sind Radiolarite, die so heißen, weil an ihrem Aufbau große Mengen von Radiolarienskeletten beteiligt sind. Radiolarien sind einzellige Meerestiere, die ein Skelett aus Kieselsäure (Opal) besitzen und als Plankton im Meer treiben.

In der frühen Kreide-Zeit werden außer Karbonatgesteinen auch Sandsteine und Konglomerate abgelagert, die vor allem die Minerale Quarz, Feldspat und Glimmer enthalten. Diese Minerale enthalten alle das Element Silizium und stammen aus der Verwitterung von kristallinen Gesteinen, beispielsweise von Granit oder Glimmerschiefer. Sedimentgesteine, die siliziumhaltige Minerale enthalten, werden als siliziklastische Gesteine bezeichnet. Sie sind neben den Karbonaten die zweite große Gruppe der Sedimentgesteine.

Das plötzliche Auftreten von siliziklastischen Gesteinen in einem zuvor fast durchwegs von Karbonatsedimentation geprägten Ablagerungsraum ist ein Hinweis auf den Beginn bedeutender Bewegungen der Erdkruste. Tatsächlich kommt es bald darauf, am Ende der frühen Kreide-Zeit, zu großen Deckenbewegungen und in der Folge zum Auftauchen des Gebiets der heutigen Kalkalpen über den Meeresspiegel. Erst nach mehreren Millionen Jahren der Erosion wird das Gebiet in der späten Kreide-Zeit wieder vom Meer überflutet und die Ablagerung der sogenannten Gosau-Gruppe begann, die nach der oberösterreichischen Gemeinde Gosau benannt ist. Der untere Abschnitt der Gosau-Gruppe besteht aus Seichtwasserablagerungen, in denen auch kleine Riffe vorkommen können. Nach einer weiteren starken Absenkung der Erdkruste werden ab der späten Kreide-Zeit vor allem siliziklastische Sandsteine und Mergel in Meerestiefen von einigen hundert bis etwa zweitausend Metern abgelagert. Diese Art der Sedimentation setzt sich auch in der Paläozän-Zeit fort und endet erst vor 42 Millionen Jahren in der Eozän-Zeit.

Der fossilreiche untere Anteil der Gosauablagerungen wurde in einem seichten Meer abgelagert. Zusammenschwemmungen von Gehäusen der kretazischen Schneckengattung *Trochactaeon* kommen an verschiedenen Stellen vor. Diese Versteinerungen wurden in manchen alpinen Gegenden in die Wassertröge von Schafen gelegt. Nach dem Volksglauben sollten diese „Wirfelsteine" verhindern, dass die Tiere von der Drehkrankheit befallen werden. Der abgebildete Gesteinsanschnitt mit Längs- und Querschnitten der Schneckengehäuse stammt aus der Umgebung von Windischgarsten und ist beim Panoramaturm auf dem Wurbauerkogel ausgestellt (wurbauerkogel.at).

Bildausschnitt ca. 0,5 m

Rote Kalke, wie hier an der Teufelsmauer im Ybbstal (ca. 1 km südöstlich vom Bahnhof Gstadt), kommen in den Kalkvoralpen ausschließlich im Jura vor. Die Rotfärbung ist manchmal nur schwach zu sehen, weil die Kalke eine graue Verwitterungsfarbe zeigen.

1

Auf Biegen und Brechen

Der Weißeneggbach bei Grünau

Literatur: Egger & van Husen, 2007

Vor rund 250 Millionen Jahren, in der frühen Trias-Zeit, transportierten Flüsse Sand, Silt und Ton in das seichte Schelfmeer am Nordrand des Tethys-Ozeans. Dieser Schlamm, jetzt zu hartem Gestein verfestigt, ist das Baumaterial der Werfen-Formation. Namensgebend dafür ist der Ort Werfen in Salzburg, in dessen Umgebung diese Gesteine besonders häufig und typisch vorkommen.

Innerhalb kurzer Zeit starben am Ende der Perm-Zeit so viele Tier- und Pflanzenarten aus, wie nie zuvor und nie danach in der bisherigen Erdgeschichte. „In kurzer Zeit" bedeutet in erdgeschichtlichen Dimensionen vielleicht hunderttausend Jahre, aber so genau weiß das niemand. Jedenfalls verschwanden gute 90 % der vorher existierenden Arten. Welches todbringende Unglück dieses Massensterben auslöste, ist noch nicht klar. Höchstwahrscheinlich waren die immense vulkanische Aktivität in Sibirien und der damit einhergehende massive Ausstoß von Treibhausgasen die oder wenigstens eine der Ursachen für das große Sterben.

Nach dem großen Sterben

In der frühen Trias-Zeit jedenfalls war die Umweltkrise weitgehend ausgestanden, und für das Leben auf der Erde ging es wieder bergauf. Die Tier- und Pflanzenwelt entwickelte sich zu neuer Vielfalt und besetzte die frei gewordenen ökologischen Nischen. Abgesehen von dieser weltweiten ökologischen Krise ereigneten sich aber auch regionale Veränderungen, bedingt durch unterschiedliche Bewegungen von Teilen der Erdkruste. Schließlich ist die Erde ein aktiver Planet mit wandernden Kontinenten und auf- und zugehenden Ozeanen.

Einer dieser Ozeane war die Tethys, die sich immer weiter nach Westen vorbaute und damit zum Zerfall des Superkontinents Pangäa beitrug. Dadurch begannen die Ränder des angrenzenden Pangäa-Kontinents zur Tethys hin abzusinken. Durch die Vertiefung und den ungehinderten Wasseraustausch mit dem offenen Meer endete allmählich die Ablagerung von Salz- und Gips. Stattdessen wurden Sand, Silt und Ton abgelagert, die von Flüssen aus dem im Norden gelegenen Landgebiet angeliefert und in das flache Meer eingeschüttet wurden. Diese vorwiegend sehr feinkörnigen, schlammigen Sedimente bildeten das Ausgangsmaterial für die dünnbankigen, rot grün oder grau gefärbten Gesteine der Werfen-Formation, wie sie auch am Weißeneggbach anstehen.

1.1 Steil gestellte Bänke der Werfen-Formation am Weißeneggbach.

1.2 Bei der Gebirgsbildung vor ungefähr 25 Millionen Jahren wurde die Werfen-Formation stark verformt und dabei die Schichten zu wellenförmigen Falten verbogen.

1.3 Die feinkörnigen, tonreichen Lagen der Werfen-Formation sind oft rot-violett gefärbt. Der silbrige Glanz auf den Schichtflächen geht auf winzige Blättchen aus der Mineralgruppe der Hellglimmer („Katzensilber") zurück.

Vom Bahnhof Grünau im Almtal fährt mehrmals täglich ein Bus zum Almsee (oebb.at). Bei der Haltestelle Schwarzenbrunn beginnt die Forststraße Weißenegg, auf der man nach rund 3 km zum Aufschluss kommt. Der Forststraße folgt auch die Mountainbikestrecke, die vom Almsee über den Offensee nach Ebensee führt.

47°45'02"N 013°55'53"E – Aufschluss

1.1

Auf dem Weg zu den ersten Falten

Zu den Aufschlüssen kommt man, wenn man der Forststraße folgt, die sich an Schwarzenbrunn vorbei und weiter durch das flache Delta des Weißeneggbachs schlängelt, das diesen ehemaligen Teil des Almsees verlanden ließ. Dem Außenrand des Deltas folgt der Abfluss des Sees. Die Forststraße durchquert das Delta, bevor sie mit kurzem steilem Anstieg eine Felsrippe aus hellgrauem Wettersteindolomit aus der Mitteltrias-Zeit überquert. Hier bietet sich ein schöner Ausblick auf die kahlen Gipfel des Toten Gebirges, das links im Hintergrund hinter bewaldeten Hügeln emporragt. Dann geht es wieder hinunter zum Bach und direkt an dessen Ufer entlang bis zu einer kurzen Schlucht, die der Bach in die Werfen-Formation eingeschnitten hat.

Beiderseits des Bachs stehen vor allem dünnbankige Ton- und Siltsteine an, die durch tektonische Bewegungen deformiert wurden. Ein Großteil der Bänke steht senkrecht, manchmal sind sie aber auch zu Falten zusammengeschoben. Fossilien sind von hier nicht bekannt, generell sind sie in der Werfen-Formation eher selten. Das soll aber niemanden entmutigen, das Auge schweifen zu lassen. Ausgeschlossen sind solche Funde hier nicht.

1.2

1.3

Tropische Lagune

2 Das Höllengebirge zwischen Trauntal und Attersee

Literatur: EGGER, 2007

Zwischen den südlichen Ufern von Traun- und Attersee bilden bis zu 600 m hohe Kalkwände den Nordabbruch des Höllengebirges. Dieses rund 120 km² große Kalkplateau besteht fast vollständig aus Wettersteinkalk, der vor rund 240 Millionen Jahren in der Mitteltrias-Zeit entstanden ist.

Auch wer kein trainierter, trittsicherer und schwindelfreier Bergsteiger ist, kann vom Höllengebirge aus die großartige Aussicht genießen. Die Seilbahn machts möglich, die von Ebensee hinauf auf den Feuerkogel (1.592 m) gondelt. Bergesruhe darf man dort oben natürlich nicht erwarten, eher einen alpinen Rummelplatz. Aber schon auf dem kurzen Fußweg zum Alberfeldkogel wird es beschaulicher. Der Blick vom Weg aus fällt auf die beeindruckende Ostwand des Alberfeldkogels, die aus meterdicken, senkrecht stehenden Kalkbänken aufgebaut wird.

Appetitliche Algen

Der gebankte Wettersteinkalk entstand aus Kalkschlamm, der vor rund 240 Millionen Jahren in einer seichten tropischen Lagune gebildet wurde. Die Wassertiefe betrug wahrscheinlich weniger als 10 m. Darauf deuten Fossilien von Grünalgen hin, sogenannte Dasycladaceen, die mit etwas Glück zu finden sind. Manchmal wittern gleich neben dem Weg die wenigen Millimeter dicken Querschnitte ihrer röhrenförmigen Stängel massenhaft aus dem Gestein heraus. Die Röhren erinnern uns an Makkaroni, aber das kommt vielleicht nur daher, weil wir schon hungrig sind.

2.1 Der Alberfeldkogel (1.707 m) von Osten gesehen. Deutlich sichtbar sind die senkrecht stehenden Wettersteinkalkbänke.

2.2 Der Große Höllkogel (1.862 m) vom Weg zur Riederhütte aus gesehen. Im Bildvordergrund sind die nach links geneigten Wettersteinkalkbänke erkennbar.

2.3 Querschnitte von Kalkalgen (Dasycladaceen) am Weg zum Alberfeldkogel (Foto: G. W. Mandl).

Blick vom Höllengebirge nach Norden zum Vorderen Langbathsee.

Ambitionierte Wanderer, die einen ordentlichen „Hatscher" zu schätzen wissen, werden auch vor der ganztägigen Überquerung des Höllengebirges nicht zurückschrecken, die vom Feuerkogel zum Hochleckenhaus führt. Das Höllengebirge ist ein Karstplateau. Die meisten Menschen stellen sich unter einem Plateau eine mehr oder weniger ebene Fläche vor. Falsch gedacht! Die Höhenunterschiede auf dem Plateau sind recht ordentlich, der Weg verläuft in ständigem Auf und Ab. Da es außer Latschen keinen Bewuchs gibt, ist man beim Wandern der Witterung vollständig ausgeliefert. Bei Schlechtwetter ist es dort oben ohnehin zu gefährlich,

Ebensee kann mehrmals täglich mit dem Zug oder mit dem Postbus von Gmunden erreicht werden. Vom Taferlklaussee oder vom Vorderen Langbathsee fahren Anrufsammeltaxis (**050 422 422**) nach Altmünster bzw. Ebensee.

⌖ 47°48′47″N 013°45′30″E – Talstation Feuerkogel-Seilbahn

bei Schönwetter grillt einen die erbarmungslose Sonne. Die einzige Zufluchtsmöglichkeit ist die Riederhütte. Wer sie ausgedörrt erreicht, weiß meistens auch das kühle Rieder Bier zu schätzen. Schon vorher kann man sich am Anblick des Großen Höllkogels (1.862 m) berauschen, des höchsten Gipfels des Höllengebirges, der am Weg zur Hütte immer wieder im Blickfeld ist. Unnötig zu sagen, dass auch er aus gebanktem Wettersteinkalk besteht.

Kein Honiglecken

Am Plateau westlich der Riederhütte scheint der Hochleckenkogel schon nah zu sein. Die Vorstellung, dieses letzte Wegstück auf einer geruhsamen und wenig anstrengenden Wanderung bewältigen zu können, verfliegt, wenn es vom Grünalmkogel fast 500 Höhenmeter hinunter in den Pfaffengraben geht und dann am Gegenhang wieder mehr als 300 Höhenmeter hinauf.

Endlich ist das Hochleckenhaus dann doch erreicht, und wer Glück hat, bekommt ein Zimmer mit Blick auf den Attersee. Da steht man am nächsten Tag gleich viel lieber auf, auch wenn der Abstieg hinunter zum Taferlklaussee steil und anstrengend ist. Ein Bad im Vorderen Langbathsee bietet die Möglichkeit, die gewaltigen Wettersteinkalkwände des Höllengebirges nochmals in aller Ruhe zu betrachten. Aber Vorsicht! Mit einer warmen Lagune hat der Langbathsee nichts gemein.

Blick nach Norden über den Pfaffengraben zum Brunnkogel (1.708 m), links davon der latschenbewachsene Hochleckenkogel (1.691 m).

Blick aus der Gegend des Alberfeldkogels nach Südwesten über das östliche Höllengebirge.

3

Eiserne Fakten

Der Arzberg bei Reichraming

Literatur: Gruber & Thaler, 1999; Egger & van Husen, 2011

Der Name „Arzberg" deutet schon darauf hin, dass hier früher einmal Erz abgebaut wurde. Wirtschaftlich war dieses Eisenvorkommen unergiebig, es liefert aber zahlreiche Hinweise auf den Ablauf erdgeschichtlicher Vorgänge in der späten Trias-Zeit vor rund 230 Millionen Jahren.

Der Arzberg liegt an der Eisenstraße, auf der über Hunderte Jahre hinweg das Eisenerz des steirischen Erzbergs nach Norden transportiert wurde. Bei diesem Erz handelt es sich um Siderit, ein rund 400 Millionen Jahre altes Karbonatgestein aus der Devon-Zeit. Am Arzberg bei Reichraming wurde dagegen das Eisenerz Limonit abgebaut, das im Gegensatz zum Siderit viel leichter zu Metall verarbeitet werden kann. Der Abbau war allerdings so wenig ergiebig, dass er nur zehn Jahre in Betrieb war und bereits im Jahr 1548 eingestellt wurde.

Im Meer

Das Eisenerz kommt in Spalten und Taschen im obersten Wettersteinkalk vor, der aus der Mitteltrias-Zeit (Karnium) stammt. Aus dem Kalk wittern an einigen Stellen einzelne Korallenstöcke und Korallenschutt aus, die auf die Nähe eines Korallenriffs hindeuten. Riffkorallen sind hervorragende Umweltindikatoren, denn sie gedeihen vorwiegend in flachem, möglichst klarem Meerwasser mit normalem Salzgehalt und Wassertemperaturen, die nicht unter 20 °C sinken. Korallenriffe kommen daher vor allem in tropischen Flachmeeren vor.

Am Land

Vor rund 235 Millionen Jahren war es dann vorerst einmal vorbei mit diesem Südseeidyll. Durch ein starkes Abfallen des Meeresspiegels fiel die Lagune trocken und der vorher dort gebildete Kalk bildete die neue Landoberfläche. In dem nach wie vor feuchtheißen tropischen Klima kam es durch die großen Niederschlagsmengen zu intensiver Verkarstung des Kalks, aber auch zur Bodenbildung. Im Regenwasser

3.1

3.1 Der in der Nähe eines Korallenriffs gebildete Wettersteinkalk an der Straße vor der Jausenstation Prenn.

3.2 Die Korallen sind etwas verwitterungsbeständiger als der umgebende Wettersteinkalk. Ihre kreis- und röhrenförmigen Anschnitte treten daher aus der Kalkoberfläche hervor.

3.3 Die limonitischen Erze fallen durch eine ockerfarbene Verwitterungsfarbe und durch ihr hohes Gewicht auf.

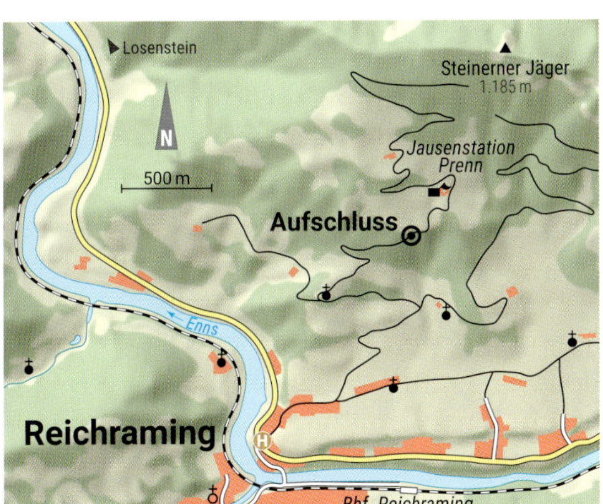

leicht lösliche Stoffe wurden abtransportiert, im Boden zurück blieben schwer lösliche Stoffe wie Metallverbindungen. Aus solchen ausgelaugten Böden, die in Karsthohlräume des Wettersteinkalks verschwemmt wurden, entstanden die limonitischen Eisenerze des Karniums, die an vielen Stellen in den Nördlichen Kalkalpen abgebaut wurden. Einer der größeren dieser Abbaue lag etwa acht Kilometer westlich vom Arzberg entfernt, im Wendbach, wo bis ins 19. Jahrhundert hinein nach Eisen geschürft wurde.

Am Straßenrand

Der Limonitabbau befand sich etwa 250 m westlich vom Bauernhof Prenn, besser aufgeschlossen ist die Vererzung derzeit an der Zufahrtsstraße zu diesem Gehöft. An der kleinen Felswand an der Arzberg-Straße fallen die limonitischen Partien zunächst durch ihre ockergelbe Farbe auf. Wiegt man solche Stücke in der Hand, bemerkt man auch, dass sie bedingt durch den Eisengehalt auffällig schwer sind. Sonst sind die Stücke nicht weiter spektakulär, nichts glitzert oder glänzt verlockend, und statt unseres Wohlstands vermehrt das derbe Erz nur unser Wissen über die abwechslungsreiche Geschichte der Erde.

Von der Eisenbundesstraße B115 biegt gegenüber der Abzweigung nach Reichraming-Ortszentrum die schmale Asphaltstraße ab, die zum Prenn-Hof führt. Direkt an der Abzweigung ist eine Haltestelle der **Buslinie 440**, die im Zweistundentakt zwischen Steyr und Weyer verkehrt. Auf der anderen Seite der Enns liegt der Bahnhof Reichraming (www.oebb.at).

⌖ 47°54'12"N 014°28'21"E – Aufschluss

4

Vernagelt

Der Sauzahn bei Laussa

Literatur: Egger & van Husen, 2011

Naturdenkmal hin, Naturdenkmal her. Den Sportkletterern ist das einerlei, sie schlagen ihre Haken dort hinein, wo sie es für notwendig halten. Wäre interessant zu wissen, wie viele Tonnen Eisen bereits in den Sauzahn genagelt wurden, einem bizarren Felsenturm, der in den Ennstaler Voralpen ungefähr 30 m hoch aus dem Waldboden ragt.

Die griffige Rauwacke des Sauzahns ist ein idealer Kletterfels.

Für alle, die noch nie einem Schwein ins Maul geschaut haben, um seine Zähne zu betrachten, eine kurze Beschreibung: das Gebiss besteht aus 44 Zähnen, davon 28 Backenzähne, oder wie man in Österreich sagt, Stockzähne. Und an so einen mehrhöckerigen Stockzahn erinnert auch der Sauzahn bei Laussa, der bei näherem Hinsehen von Karies zerfressen zu sein scheint, denn wohin man auch blickt, sind im Fels überall größere und kleinere Löcher zu sehen.

Wegen dieser Löcher wird das Gestein, das Teil der Opponitz-Formation ist, Zellenkalk oder Rauwacke genannt. Das Ausgangsmaterial der Opponitzer Rauwacke entstand vor rund 230 Millionen Jahren im Karnium, einem Abschnitt der späten Trias-Zeit. Auf dem Boden einer sehr seichten Lagune des tropischen Tethysmeers wurden damals abwechselnd Lagen von Dolomit und Gips (Kalziumsulfat) abgelagert. Diese Gesteine entstanden durch Ausfällung aus dem Meerwasser, weil durch die starke Verdunstung im damaligen heißen Klima das Meerwasser an Sulfat übersättigt war. Bei späteren Bewegungen der Erdkruste verformte sich der Gips plastisch, während der viel sprödere Dolomit zerbrach. Die Dolomitbruchstücke wurden in den weichen Gips geknetet, wie die Rosinen in einen Teig.

Der weiche Gips mit den eingelagerten Dolomittrümmern war ein hervorragender Gleithorizont bei der Bewegung der kalkalpinen Decken und bildet in der Umgebung von Laussa die Basis der Nördlichen Kalkalpen. An und nahe der Erdoberfläche wurde später der Gips durch das Regenwasser gelöst und durch Kalkspat ersetzt. Dieser ist wiederum verwitterungsbeständiger als der Dolomit, der auswittert und die Löcher an der Felsoberfläche hinterlässt. Dass in größerer Tiefe die ursprünglichen Gips-Dolomit-Brekzien noch vorhanden sind, zeigte sich beim Bau des nahegelegenen Ennskraftwerks Ternberg.

Die Löcher machen die Rauwacke griffig und attraktiv für die Kletterer. Aber schon die Menschen der jungsteinzeitlichen Mondseekultur wussten die schroffen Rauwackefelsen zu schätzen, zu denen sie sich bei Gefahr flüchteten. Funde aus dieser Zeit können im Gemeindeamt von Laussa besichtigt werden.

Laussa ist nur von Montag bis Freitag mit dem Bus von Steyr oder Losenstein aus erreichbar. Vom Bahnhof Losenstein ist es eine etwa 5 km lange Wanderung durch den Dandlgraben zum Sauzahn.

⌖ 47°56′20″N 014°28′38″E – Sauzahn

Raue Wildnis

5 Das Tote Gebirge zwischen Stodertal und Trauntal

Literatur: BUTLER et al., 2019

Wer hinauf auf das wuchtige und schroffe Tote Gebirge will, kommt um eine mehrstündige Wanderung nicht herum. Glücklicherweise wurde das größte Karstplateau der Ostalpen bisher nicht durch Straßen und Aufstiegshilfen verschandelt und hat im Gegensatz zu vielen anderen Gebirgsregionen seine imposante Einsamkeit und wilde Ursprünglichkeit weitgehend bewahrt.

Die meisten Wanderer nehmen den Anstieg auf das Tote Gebirge von Hinterstoder aus in Angriff und wandern am ersten Tag die 800 Höhenmeter hinauf bis zum Prielschutzhaus (1.420 m). Früh am nächsten Morgen beginnt der Anstieg zum Großen Priel (2.515 m). Er ist der höchste Gipfel Oberösterreichs, wenn man vom Hohen Dachstein (2.995 m) absieht, der aber zur Hälfte in die Steiermark gehört. Dachstein und Priel bestehen beide aus Dachsteinkalk, der in der späten Trias-Zeit, im sogenannten Norium (ca. 205 bis 223 Millionen Jahre vor heute) gebildet wurde.

Schnittlauch auf dem Dachsteinkalk

Wer zünftiges Marschieren nicht scheut, wandert nach dem Abstecher auf den Großen Priel weiter zur Pühringerhütte, die mitten auf dem Plateau steht. Stundenlang geht es durch eine Karstwüste, kaum ein Pflänzchen ist zu sehen. Und dennoch gibt es botanische Überraschungen, denn den wilden Schnittlauch (*Allium lusitanum*) sieht man nicht alle Tage. Hier, in über zweitausend Metern Höhe, wächst er zwischen den grauen Felsen neben dem Ausseer Weg und wird von Feinschmeckern und Gämsen gleichermaßen geschätzt.

Aufstieg vom Prielschutzhaus durch die Klinserschlucht auf das Plateau des Toten Gebirges.
Der Weitgrubenkopf (2.259 m) rechts vorne und die Spitzmauer (2.446 m) dahinter sind beide aus Dachsteinkalk aufgebaut.

Ein Abguss des Schädels von *Mystriosuchus steinbergeri* befindet sich in den Sammlungen der Geologischen Bundesanstalt, das Original ist im Naturhistorischen Museum in Wien ausgestellt (Bildbreite ca. 0,5 m; Foto: M. Brüggemann-Ledolter).

Dieser östliche Teil des Toten Gebirges besteht ausschließlich aus Dachsteinkalk. Wohin man auch schaut, überall sind in der faszinierend menschenfeindlichen Karstlandschaft die meterdicken hellgrauen Kalkbänke zu sehen. Ihr Bildungsraum war eine nur ein paar Meter tiefe Meereslagune, deren Boden sich ständig absenkte. Diese Absenkung wurde durch die Kalkablagerung ausgeglichen. Dadurch konnte sich im Lauf von etwa 20 Millionen Jahren eine rund einen Kilometer dicke Abfolge dieses Seichtwasserkalkes bilden. Das bedeutet, dass die Bildung einer 5 cm dicken Kalkschicht durchschnittlich etwa tausend Jahre dauerte. Verblüffend langsam, wenn man sich die riesigen Berge anschaut, die aus diesen Kalken aufgebaut sind.

Leben in der Lagune

Der Kalkschlamm entstand vor allem durch chemische Ausfällung aus dem Meerwasser. Da wegen des heißen tropischen Klimas die Meerwasserverdunstung hoch war, war der Salzgehalt der Lagune höher als im offenen Ozean. Lebewesen, die diesen extremen

Die **Autobuslinie 431** verbindet den Bahnhof Hinterstoder mit dem 10 km entfernten Stodertal. Die dreitägige Wanderung, die viel Kondition erfordert, beginnt bei der Haltestelle Hinterstoder-Gemeindehaus. Ca. 150 m nordwestlich davon führt eine Brücke über die Steyr, danach biegt der Wanderweg nach links ab, der zum Schiederweiher und zum Prielschutzhaus (www.prielschutzhaus.com) führt. Am nächsten Tag geht es weiter bis zur Pühringerhütte (puehringer.huette@gmail.com) und von dort am dritten Tag über die Lahngangseen zum Grundlsee.

⌖ 47°41′58″N 014°09′11″E – Bushaltesstelle Hinterstoder-Gemeindehaus

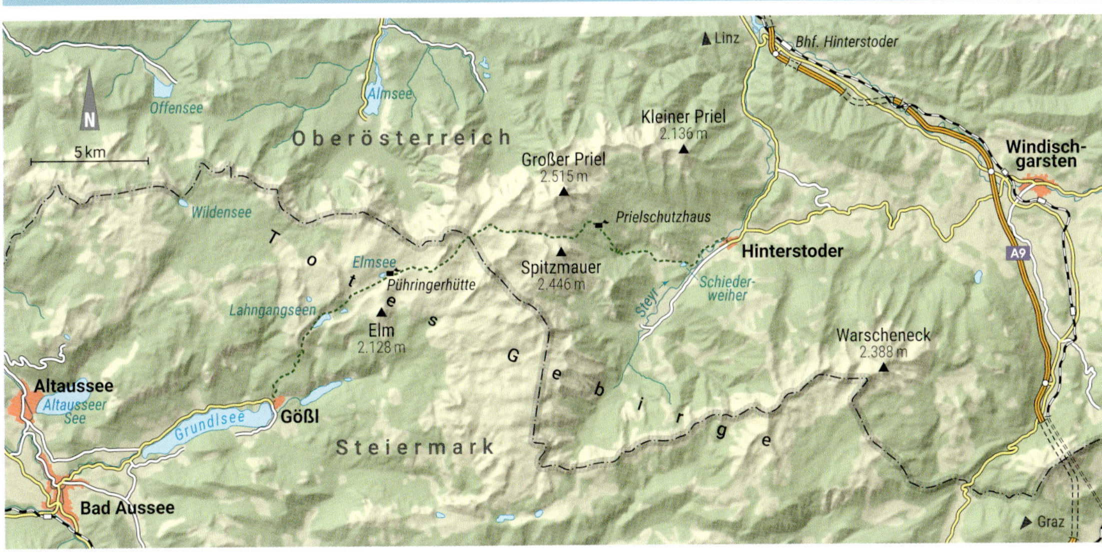

Dachsteinkalk soweit das Auge reicht! Auf dem Ausseer-Weg durch den kahlen Karst des östlichen Toten Gebirges. Im Hintergrund in der Bildmitte der Große Priel (2.515 m), links davon der Schermberg (2.396 m), am rechten Bildrand der Temelberg (2.331 m). Selbst die Anstrengung eines ganztägigen Gewaltmarsches kann die Begeisterung für diese monumentale Landschaft nicht dämpfen.

ökologischen Bedingungen angepasst waren, hatten hier wenig Konkurrenz zu fürchten und konnten florieren und sich massenhaft vermehren. Zu diesen gut angepassten Arten zählen die Megalodonten, deren Querschnitte an den Hufabdruck einer Kuh oder eines anderen Paarhufers erinnert. Daher werden diese Muscheln auch Kuhtrittmuscheln genannt. Zu Lebzeiten waren sie im weichem Schlamm eingegraben. Über einen schlauchförmigen Sipho gelangte frisches Meerwasser zu den Kiemen der Tiere, die sich damit mit Sauerstoff und Nahrung versorgten.

Ein spektakulärer Fossilfund gelang im Jahr 1980 dem Bad Mitterndorfer Lehrer und Höhlenforscher Sepp Steinberger, der fossile Wirbeltierknochen im Dachsteinkalk des südöstlichen Toten Gebirges entdeckte. Sie entpuppten sich als die Überreste einer neuen Art des Sauriers *Mystriosuchus* (das griechische Wort *mystrion* bedeutet Löffel, während *souchos* die Bezeichnung für Krokodil ist), die nach ihrem Entdecker *Mystriosuchus steinbergeri* genannt wurde. Auch wenn das Tier einem Krokodil ähnlich sah, war es trotzdem kein direkter Verwandter dieser Reptilien, sondern gehörte zu den Phytosauriern. Ausgestattet mit einer langen, mit spitzen Zähnen bewehrten Schnauze, waren diese Löffelkrokodile ausgezeichnete Fischjäger, die ihrer Beute in der Lagune nachstellten. Selbst die akribische Ermittlungsarbeit der Paläontologen konnte aber bisher nicht klären, was den Tod dieser Tiere bewirkte, und wie ihre Leichen an Ort und Stelle kamen. Trotz penibler Recherchen liegt der Tathergang im Dunkeln, seltsam ist jedenfalls, dass derartige Knochen bisher nirgendwo sonst im Dachsteinkalk gefunden wurden, und dass am einzigen Fundort gleich drei Exemplare lagen.

Die seichtesten Teile der Lagune, vor allem am Rand zum Festland, fielen bei Ebbe oft trocken. Auf dem feuchten Schlamm dieses Wattenmeers wuchsen flächenhaft Cyanobakterien. Diese millimeterdünnen Lagen werden Stromatolithen genannt und sind im Dachsteinkalk nicht selten zu beobachten. Sie sollten ehrfürchtig betrachtet werden, denn Stromatolithen waren vermutlich die ersten Lebewesen auf der Erde überhaupt. Zumindest sind sie die ältesten bekannten

5.1 Querschnitte wie von diesen faustgroßen Megalodonten oder Kuhtrittmuscheln sind oft massenhaft im Dachsteinkalk zu sehen.

5.2 Die millimeterdünnen Lagen sind fossile Mikrobenmatten, sogenannte Stromatolithen. Dieser Typus des Dachsteinkalks entstand im Gezeitenbereich und wird als „Loferit" bezeichnet.

Fossilien, die schon in dreieinhalb Milliarden Jahren alten Gesteinen des Präkambriums vorkommen. Hätten diese Organismen damals nicht begonnen durch Photosynthese Sauerstoff zu erzeugen, der sich in der Atmosphäre anreicherte, gäbe es auf der Erde kein Leben, wie wir es heute kennen. Den Cyanobakterien und Algen verdanken wir unsere Existenz.

Rot gefüllte Spalten

Im grauen Kalk gibt es also allerhand zu sehen, und es ist gar nicht so fad, wie zuerst gedacht. Und was ist das jetzt schon wieder? Rote Flecken in der grauen Einöde! Da gibt es keine Ausrede, da muss man hin, und findet einen roten Kalk, der bis zu ein Meter breite Spalten im Dachsteinkalk füllt. Bei noch genauerem Hinsehen sind oft mehrere Füllungen erkennbar, die sich durch ihre Färbung, aber auch durch ihre Sedimentzusammensetzung unterscheiden. So können beispielsweise die äußeren Ränder einer Spaltenfüllung aus hellrotem, feinkörnigem Kalk bestehen, während in der Mitte der Spalte ein grobkörniger Kalk auftritt. Die weißen millimetergroßen Körner zeigen runde, sternförmige oder röhrenförmige Querschnitte, in deren Mitte ein dünner, dunkler gefärbter Kanal verläuft. Es sind Bruchstücke von Seelilienstengeln (Krinoiden). Diese Tiere gehören zu den Stachelhäutern und kommen wie ihre Verwandten, die Seeigel und Seesterne, ausschließlich im Meer vor.

In den Nördlichen Kalkalpen kommen rote Krinoidenkalke ausschließlich im Unter- und Mitteljura vor. In der frühen und mittleren Jura-Zeit begann die Seichtwasser-Plattform an Verwerfungen zu zerbrechen, wodurch sich am Meeresboden ein unruhiges Relief bildete. Auf den Hochzonen dieser Unterwasserlandschaft wuchsen die Seelilien, deren Stielglieder nach dem Absterben der Tiere von Meeresströmungen oft in großen Mengen zusammengeschwemmt wurden. Auf diese Weise landeten Krinoidenteile auch in den Spalten, die bei den Erdkrustenbewegungen in der frühen Jura-Zeit aufrissen.

5.3 Die verschiedenen Farben der Spaltenfüllung zeigen, dass die halbmeterbreite Spalte in der frühen Jura-Zeit mehrfach aufgerissen und wieder mit Sediment verfüllt wurde.

5.4 Querschnitte (rund) und Längsschnitte (rechteckig) von bis zu 0,5 cm großen Krinoidenstielgliedern in einer jurassischen Spaltenfüllung neben dem Ausseer Weg.

5.5 Das Regenwasser löst den Kalk und zerfurcht beim Ablaufen seine Oberfläche mit rinnenförmigen Karren, wie sie hier am Anstieg zum Elm (2.128 m) zu sehen sind.

5.6 Wilder Schnittlauch (*Allium lusitanum*), eine Delikatesse zwischen den Felsen.

Dachstein und Kaiserschmarrn

Je weiter wir nach Westen gelangen, desto häufiger werden die Ablagerungen aus der Jura-Zeit, die dort nicht nur in Spalten vorkommen, sondern auch flächenhaft vorhanden sind. Ihnen verdankt auch das Almgelände und der Elmsee bei der Pühringerhütte seine Entstehung, denn braunrote und braune kieselsäurereiche Gesteine aus der späten Jura-Zeit verhindern, dass das Regenwasser sofort in irgendwelchen Karstspalten versickert. Hier war genügend Feuchtigkeit vorhanden, dass der Elmsee und die grünen Wiesen drumherum entstehen konnten.

Ein opulenter und überaus köstlicher Kaiserschmarrn in der Pühringerhütte (1.637 m) weckt die Lebensgeister und die Unternehmungslust des eben noch knieweichen Wanderers. Bis zur Dämmerung sind es noch ein paar Stunden, und es lockt der Elm (2.128 m), einer der schönsten Aussichtspunkte im Toten Gebirge. Also keine Müdigkeit vorschützen, wieder rein in die Bergschuhe und losmarschiert, auch wenn es durch den Dachsteinkalk, der mit einer Verwerfung an den Oberjura grenzt, verdammt steil bergauf geht. Aber dann sind es nur mehr ein paar Meter bis zum Gipfelkreuz, linker Hand ist das ganze heute durchwanderte Plateau bis hinüber zum Großen Priel zu sehen, rechter Hand schimmert unten der Vordere Lahngangsee und am Horizont leuchtet der Dachsteingletscher. Was braucht man mehr? Vielleicht noch einen zweiten Kaiserschmarrn nach der Rückkehr in die Hütte.

Höhlenbären und Gletscherwannen

Nach der Übernachtung geht es tags darauf am Elmsee vorbei und dann über eine mit Zirben bestandene Hochfläche aus Dachsteinkalk zu den Jagdhütten der Elmgrube, die vor den Wänden des Salzofens stehen. Dort sind zwei verschiedene Kalktypen aus der späten Jura-Zeit unterscheidbar. Die dünnen Kalkbänke im unteren Teil der Wände sind Oberalmer Schichten, darüber liegt der massige Plassenkalk. Berühmt ist der Salzofen aber nicht wegen der Juraablagerungen, sondern wegen der Salzofenhöhle, in der in der Quartär-Zeit Höhlenbären hausten, deren Überreste im Kammerhofmuseum in Bad Aussee zu bewundern sind. Aber um dorthin zu kommen, müssen wir erst hinunter ins Tal und der Abstieg ist lang. Zuerst führt der Weg gemütlich durch einen vom Eiszeitgletscher geformten Geländeeinschnitt, in dem der Hintere und Vordere Lahngangsee liegen. Anschließend geht es achthundert Höhenmeter steil hinunter nach Gößl am Grundlsee, von wo mehrmals täglich der Autobus nach Bad Aussee zum Bahnhof fährt.

Blick vom Anstieg auf den Elm hinunter zur Pühringerhütte (1.637 m) und dem Elmsee.
Links im Hintergrund der aus oberjurassischem Kalk aufgebaute Salzofen (2.070 m).

Der Schafbühel am Südende des Vorderen Lahngangsees im Toten Gebirge ist ein Rundhöcker (roche moutonnée) aus obertriassischem Dachsteinkalk, der vom Gletscher zugeschliffen wurde. Auch direkt am Seeufer ist der Gletscherschliff deutlich zu sehen.

6 Armfüßer aus der Jura-Zeit
Der Gunstberg bei Roßleithen

Literatur: Prey, 1992; Vacek & Geyer, 1916

Armfüßer oder Brachiopoden – bei diesen Namen denken viele Menschen vielleicht an kleine grüne Männchen mit langen Nasen und großen Ohren oder an andere Aliens. Dabei sind die Brachiopoden ganz irdisch und bevölkern seit mehr als 500 Millionen Jahren die Weltmeere, genauso wie die Muscheln, denen sie ähnlich sehen. Trotzdem ist der Bauplan beider Tiergruppen grundverschieden. Die Armfüßer gehören zu den Tentakulaten, weil sie zum Nahrungserwerb tentakelbesetzte Fangarme verwenden, während die Muscheln ihre Nahrung mit Kiemen aus dem Wasser filtern.

Unmittelbar neben der Kremstal-Bahn, gleich nördlich der Haltestelle Roßleithen, befindet sich der Gunstberg (787 m), ein von Wiesen umgebener bewaldeter Hügel der Nördlichen Kalkalpen. Auf kleinstem Raum kommen hier mehrere Gesteine aus unterschiedlichen Abschnitten der Jura-Zeit zusammen. Bei späteren Bewegungen der Erdkruste wurde der ursprüngliche Gesteinsverband stark gestört, so dass die verschiedenen Gesteine heute an Verwerfungen aneinandergrenzen.

Der Prieler-Steinbruch

Der Gunstberg wurde von mehreren Steinbrüchen angeknabbert, die heute alle aufgelassen sind. Der größte dieser Steinbrüche, der sogenannte Prieler-Steinbruch, liegt an der Südwestseite des Gunstbergs. Vom Kalk- und Schotterwerk Pichl, das im Jahr 1936 abbrannte, wurden Bausteine (z.B. für die 1907 erbaute Villa Sonnwend, die heute vom Nationalpark Kalkalpen als Seminar- und Wanderhotel betrieben wird; an den Außenmauern des Erdgeschosses der Villa ist der Vilser Kalk gut zu sehen), Bruchsteine für Straßen- und Wasserbau, Splitt, Futterkalk, Düngekalk und Branntkalk abgebaut. Letzterer wird in der Stahlproduktion eingesetzt, die für die Erzeugung einer Tonne Stahl etwa 100 bis 200 kg Kalkgestein benötigt. Der gebrannte Kalk verbindet sich im Hochofen mit Verunreinigungen des Eisenerzes zur Schlacke, die leicht vom wertvollen Metall getrennt werden kann. Bis etwa 1948 wurde daher der Steinbruch vom Linzer Stahlkonzern VÖEST weitergeführt. Dann waren die Vorräte erschöpft und der Steinbruchbetrieb wurde nach Steyrling verlegt, wo die Voest-Alpine bis heute einen großen Abbau betreibt.

Die Vielfalt der in dem 100 m langen Steinbruch vorkommenden Gesteine ist zum Großteil hinter Pflanzenbewuchs verborgen. Statt uns mühsam durchs zeckenverseuchte Unterholz dieses Biotops zu kämpfen, bleiben wir lieber nahe am Eingang des Steinbruchs, wo der rund 165 Millionen Jahre alte Vilser Kalk aus der mittleren Jura-Zeit (Callovium) gut aufgeschlossen ist.

Überragt vom Sengsengebirge liegt der Steinbruch am Gunstberg direkt nördlich vom Gehöft Steinbauer.

Das Gehöft Steinbauer ist etwa 400 m von der Bahnhaltestelle Roßleithen entfernt. Man überquert den Bahnübergang neben dem Bauernhof und folgt der Straße etwa 50 m nach links bis zur Einfahrt in den Steinbruch.

⌖ 47°43′39″N 014°18′20″E

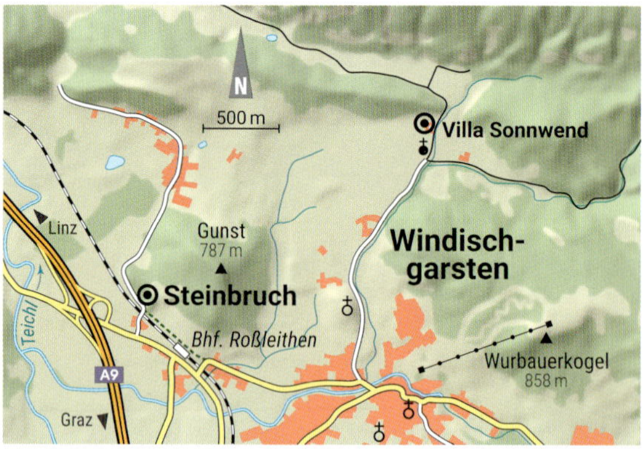

Im dichten Kalkstein sind die glatten und gerippten Brachiopodenschalen sichtbar. Beim Zerschlagen des Gesteins springen manche der ein Zentimeter großen Fossilien unbeschädigt aus dem umgebenden Gestein.

Brachiopodenjagd

Die Kalkbänke rechts der Einfahrt sind steil nach Westen geneigt, so dass der Besucher auf die welligen Schichtflächen blickt, die nichts Anderes sind, als alte Oberflächen des Meeresbodens. Während der Gebirgsbildung wurden sie fast senkrecht aufgestellt und bilden heute die Wände, auf denen die Kletterer unterwegs sind.

Nach dem Klettergarten steht auf dem Weg hinein in den Steinbruch auf der rechten Seite ein altes Steinbruchgebäude aus Bruchsteinen. Danach kommen neben dem Weg Wände aus hartem hellem Vilser Kalk. Dieser hat meist eine beige Farbe und enthält oft massenhaft zentimetergroße Fossilien, die auf dem ersten Blick wie Muscheln aussehen. Beim genaueren Hinsehen wird man aber schnell stutzig. Die beiden Schalen sind nicht spiegelbildlich symmetrisch wie bei den meisten Muscheln, sondern die Symmetrieebene läuft durch die Mitte der Klappen, außerdem hat eine der Klappen ein Loch. Ein untrügliches Zeichen, dass es sich um Armfüßer handelt. Bei lebenden Brachiopoden tritt durch dieses Loch ein fleischiger Stiel aus, mit dem das Tier am Meeresboden befestigt ist. Brachiopoden leben ausschließlich im Meer, wo sie vom Gezeitenbereich bis in die Tiefsee vorkommen. Den heute noch lebenden 250 verschiedenen Arten, stehen etwa 30.000 bereits ausgestorbene Arten gegenüber.

Brachiopoden

Mittelalter auf Mitteljura

7 Der Burgfelsen von Losenstein

Literatur: Clar & Horninger, 1964; Egger & van Husen, 2011

Trutzig steht die Ruine einer 800 Jahre alten Ritterburg auf einem 165 Millionen Jahre alten Kalksteinfelsen mitten im Ennstal. Burg und Fels stemmen sich wehrhaft gegen den Zahn der Zeit, dem sie früher oder später beide zum Opfer fallen werden. Aber bis dahin geht sich ein Besuch in Losenstein noch locker aus.

Fester Grund

Ein isoliert stehender Felsen mitten im Tal. So was reizt nicht nur Geologen, sondern auch Ritter und Kraftwerksbauer. Die Ritter waren zuerst da und begannen gegen Mitte des 12. Jahrhunderts eine Burg zu bauen, von der aus sie von oben herab den Verkehr durch das Ennstal beobachten und kontrollieren konnten. „Losen“ ist ein altes Wort für horchen, das sich in der Mundart und in der Jägersprache bis heute erhalten hat. Vielleicht kommt daher der Ortsname Losenstein. Kann aber auch sein, dass der einzeln stehende Felsen, der „lose Stein“, ausschlaggebend war für die Benennung. Wie dem auch sei: Jedenfalls kamen gegen Mitte des 19. Jahrhunderts, rund 200 Jahre nach dem Aussterben der letzten Losensteiner Ritter, die ersten Geologen, die sich mit den Gesteinen des Burghügels und seiner Umgebung beschäftigten. Und erst gegen Mitte des 20. Jahrhunderts tauchten die Kraftwerksbauer auf. Sie wurden angelockt, weil in der Fortsetzung des Burghügels im Bett der Enns eine Felsrippe zu sehen war, die sich bis zum Bahnhofsfelsen am Gegenufer hinzog. Ein Felsriegel ist ein stabiler Baugrund und so wurde im Jahr 1958 begonnen, darauf das Ennskraftwerk Losenstein zu errichten.

Hornstein

Der ganze Felsriegel mit dem Burgberg entstand, weil der Kalk härter ist als das umgebende Gestein aus der Kreide-Zeit, der sogenannten Losenstein-Formation. Dadurch, dass diese viel stärker von Verwitterung und Abtragung betroffen ist, wurde die harte Kalkrippe freigelegt, herausmodelliert wie eine freistehende Skulptur. Sie besteht aus hellem Vilser Kalk, in dem etwas dunklere Lagen und Knollen erkennbar sind, die beim Anschlagen splitterig zerbrechen. Die Splitter sind scharfkantig und so hart, dass sie Glas ritzen. Auch auf dem Stahl des Geologenhammers hinterlassen sie deutliche Kratzer. Diese Knollen und Lagen werden Hornsteine genannt und sie bestehen aus Quarz (Siliziumdioxid). Ihr Ausgangsmaterial stammt von winzigen Nadeln von Kieselschwämmen, die am Meeresboden wuchsen, und von den Gehäusen von Radiolarien und Kieselalgen, die in den oberen Wasserschichten des Meeres trieben und nach ihrem Tod auf den Meeresboden rieselten. Das Siliziumdioxid wird später im noch weichen Kalkschlamm mobilisiert und reichert sich in Knollen und Lagen an. Diese sind noch härter als der umgebende Kalk und bilden, wenn dieser verwittert, hervorstehende Partien.

7.1

Meeresboden

Den Vilser Kalk haben wir schon am Gunstberg bei Roßleithen (s. S. 40) kennengelernt, wo häufig Brachiopoden vorkommen. Solche finden sich in Losenstein seltener. Die vielen Schwammnadeln deuten darauf hin, dass der Ablagerungsraum des dortigen Vilser Kalks in etwas größerer Meerestiefe lag als jener der Gesteine bei Windischgarsten. Überreste einer weiteren Tiergruppe, die an beiden Orten vorkommen, sind die Stielglieder von Seelilien. Diese meist nur millimetergroßen Krinoiden bestehen aus weißen Kalkspatkristallen, deren Bruchflächen auffällig glitzern, wenn man das Gesteinsstück im Sonnenlicht hin- und herdreht. Die Seelilien gehören wie die Seeigel und Seesterne zu den Stachelhäutern, eine Tiergruppe, die ausschließlich im Meer vorkommt.

Wer nach der Besichtigung von Ruine und Burgfels eine Stärkung oder Unterkunft braucht, ist im urigen und freundlichen Gasthaus Marxrieser gut aufgehoben, das am Beginn des Burgwegs liegt und nicht verfehlt werden kann. Das stattliche Haus stammt aus dem 14. Jahrhundert und war der Meierhof, also das Wirtschaftsgebäude, der Burgherren.

7.1 Blick vom Bahnhof Losenstein über die Enns nach Osten. Die Jurakalke des Burgfelsens sind nach Südosten geneigt.

7.2 Innenansicht der Burgruine Losenstein (Foto: Don michele kurac; www.commons.wikimedia.org).

7.3 Im weißen Krinoidenkalk treten Lagen und Knollen von blaugrauem Hornstein auf.

Der Fußweg vom Bahnhof bis zur Ruine dauert etwa eine halbe Stunde. Nach der Ennsbrücke führt eine Stiege neben dem Gasthof „Eisentor“ hinauf zum Beginn des Wanderwegs.

⌖ 47°55'27"N 014°26'15"E – Burg

8

Unruhige Zeiten

Der Stiedelsbach bei Losenstein

Literatur: Egger & van Husen, 2011

Gegen Ende der frühen Kreide-Zeit wurden die Gesteine der heutigen Nördlichen Kalkalpen kräftig deformiert. Tektonische Decken und wellenförmige Gesteinsfalten bildeten sich. Den Beginn dieser Zeit tektonischer Unruhe markieren die Sandsteine und Konglomerate der Losenstein-Formation, die vor rund 110 Millionen Jahren im Albium abgelagert wurden.

Die im Vergleich zu älteren Schichten der Nördlichen Kalkalpen relativ weichen Losensteiner Schichten fallen leichter der Abtragung zum Opfer und bilden sanfte Landschaftsformen. Die ungefähr Ost-West-verlaufende „Losensteiner Mulde" wird daher im Norden und Süden von steileren Hängen begrenzt.

Rosinenmergel

Wie Rosinen im Kuchenteig stecken in den Mergeln der Losensteiner Schichten manchmal harte Gerölle, die von Norden geliefert wurden. Wie ihre Gesteinszusammensetzung zeigt, lag ihr Herkunftsgebiet außerhalb der heutigen Nördlichen Kalkalpen. So kommen beispielsweise milchig-weiße Quarzgerölle oder geschieferte metamorphe Gesteine darin vor. Besonders häufig und auffällig sind sehr harte, schwer zu zerschlagende Gerölle, die auf den frischen Bruchflächen meist eine feine rotviolette Grundmasse erkennen lassen, in der Millimeter große helle Einsprenglinge vorkommen. Diese „porphyrische Textur" ist typisch für Vulkangesteine und tatsächlich haben wir hier „Quarzporphyre" vor uns. Mit diesem alten Namen kann man Gesteine zusammenfassen, die sich aus einer kieselsäurereichen Lava gebildet haben.

Der Quarzporphyr, aus dem die Gerölle in den Losensteiner Schichten bestehen, entstand vermutlich in der frühen Perm-Zeit. In der frühen Kreide-Zeit war er Teil eines Festlands, von wo seine Bruchstücke von Flüssen zum Meer transportiert wurden. Bei diesem Transport wurden die Ecken und Kanten der Gesteinsstücke abgeschliffen, die so zu runden Geröllen umgeformt wurden. Diese Umformung dauert ihre Zeit, denn Quarzporphyr ist ein sehr hartes Gestein. Oder anders gesagt: die Gerölle wurden viele Zehnerkilometer weit transportiert, bevor sie an Flussmündungen im Meer abgelagert wurden. Dort rutschte das angehäufte Lockermaterial, das aus Schlamm, Sand und Geröllen bestand, über untermeerische Abhänge in größere Wassertiefen. Die Rosinenmergel sind nichts anderes als solche Hangrutsche, die am Meeresboden abgelagert wurden. Bei den Hangbewegungen kann aber noch ein weiterer Sedimenttyp entstehen, wenn der beteiligte Schlamm mit dem Wasser ein Gemisch bildet, das sich hangabwärts bewegt. Sedimente, die sich aus solchen Trübeströmen ablagern, heißen Turbidite. Sie bilden die Sand- und Siltlagen, die neben dem Rosinenmergel in der Losenstein-Formation häufig vorkommen.

Rosinenmergel

Ein Quarzporphyrgeröll aus den „Rosinenmergeln".

Blick von der Ruine Losenstein nach Osten. Rechts die steilen, aus Jura- und Unterkreidegesteinen aufgebauten Hänge des Schiefersteins (1.206 m). Das links daran anschließende, flachere Gelände wird von den Losensteiner Schichten aufgebaut. Ganz links der Größtenberg (914 m), dessen Gipfelbereich aus Trias- und Unterjuragesteinen besteht.

Übers Gschoad

Um uns die Rosinen aus den Losensteiner Schichten herauszupicken, wandern wir den Stiedelsbachgraben hinein und folgen zuerst dem markierten Nagelschmiedweg. Die alte Nagelschmiede in der Brandstatt kann besichtigt werden und bringt uns einmal mehr in Erinnerung, dass wir in der Eisenwurzen sind. An der Nagelschmiede vorbei geht es weiter neben dem Stiedelsbach bachaufwärts bis zu der engen Kehre vorm Gehöft Peilstein. Dort verlassen wir den asphaltierten Güterweg und gehen am Bach entlang weiter auf einem ziemlich verwachsenen Forstweg. Auf einer Strecke von ungefähr 300 m sind dort immer wieder kleine Aufschlüsse von Sandsteinen, Konglomeraten und Rosinenmergeln zu sehen. Dann verliert sich der Weg und man geht am besten wieder zurück zur asphaltierten Straße, um auf demselben Weg nach Losenstein zurückzukehren oder über Peilstein weiter dem markierten Weg zum Gscheid oder Gschoad zu folgen, von wo der „Obere Weg“ zurück in den Ort führt. Unternehmungslustige können vom Gschoad aus auch den Schieferstein besteigen oder hinüber nach Reichraming wandern.

Vom Bahnhof Losenstein kommend überquert man die Enns und geht am Burghügel vorbei auf dem Nagelschmiedweg hinein in den Stiedelsbachgraben.

⌖ 47°55'27"N 014°28'28"E
Aufschluss

2. Teil

Blick vom Hamberg bei Scharnstein nach Nordosten. Rechts im Hintergrund der markante Eiskogel (1.087 m), davor der Pernecker Kogel (1.080 m). Die Hügellandschaft wird von Gesteinen aufgebaut, die in der Oberkreide-Zeit in einem mehrere Tausend Meter tiefen Meer entstanden sind.

Das Rhenodanubikum

Expedition in die Tiefsee

Kontinente und Ozeane unterscheiden sich durch den Aufbau ihrer Erdkruste. Die kontinentale Kruste besteht vor allem aus Granit, die ozeanische aus Basalt. Beide Gesteinstypen gehören zu den magmatischen Gesteinen, die durch Abkühlung und Erstarren einer Gesteinsschmelze (Magma) entstehen. Auf den magmatischen Gesteinen können Sedimente abgelagert werden. Wie die Sedimentgesteine der Nördlichen Kalkalpen sind auch jene des Rhenodanubikums von ihrer ursprünglichen Basis losgerissen und nach Norden überschoben worden. Äußerst selten sind kleine Reste magmatischer Untergrundgesteine erhalten geblieben. Sie deuten darauf hin, dass das Rhenodanubikum aus einem mehrere Tausend Meter tiefen Ozeanbecken stammt. Dieser Penninische Ozean trennte von der Jura-Zeit bis in die Eozän-Zeit den Adriatischen Kontinent, von dem die Nördlichen Kalkalpen hergeleitet werden, vom Europäischen Kontinent, dem Herkunftsort des Helvetikums.

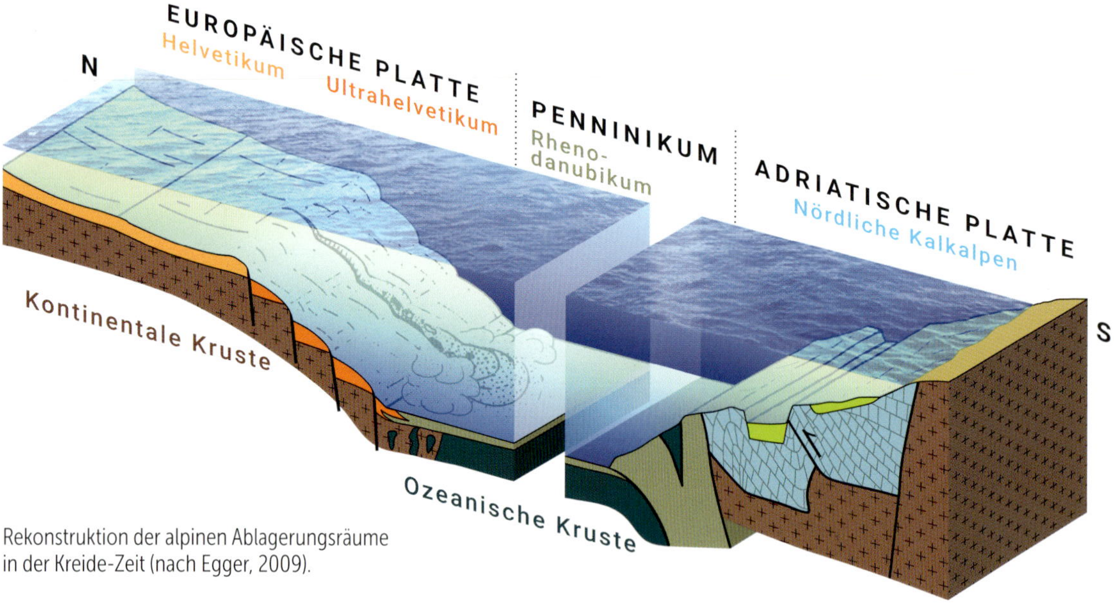

Rekonstruktion der alpinen Ablagerungsräume in der Kreide-Zeit (nach Egger, 2009).

Blick vom Willeitenberg bei Laussa nach Südosten auf den Kamm, der sich vom ganz links gelegenen Spadenberg (1.000 m) zum Plattenberg erstreckt. Der Kamm und der anschließende steile Hang bilden den Nordrand der Spadenberg-Schuppe. Sie besteht hier aus kalkreichen Turbiditen aus dem Campanium, die auf quarzreiche Turbidite aus dem Maastrichtium überschoben sind. Letztere bilden das flachere Gelände vor dem Steilhang.

Wie der Name schon andeutet, erstreckt sich das Rhenodanubikum zwischen dem Rheintal und dem Donautal. Es begleitet als schmale Zone den Nordrand der Kalkalpen. Zwischen Ybbstal und Trauntal besteht es aus einer einzigen Decke, der Greifenstein-Decke. Auch sie wurde von den Erdölgeologen gepiesackt, die darin bislang zehn bis zu 4.600 m tiefe Bohrungen niederbrachten. In den Bohrlöchern war die Greifenstein-Decke bis zu 2.000 m dick. Diese große Mächtigkeit entstand wieder durch die Stapelung mehrerer Einheiten, die von ihren Dimensionen kleiner sind als Decken und als Schuppen bezeichnet werden.

Unter dem Schuppenstapel der Greifenstein-Decke liegt das Helvetikum und darunter wieder die Molasse. Diese war, zusammen mit den darunterliegenden Jura- und Kreidegesteinen das eigentliche Ziel der Erdölbohrungen, denn in den Molassegesteinen kommen im nördlichen Alpenvorland Öl- und Gaslagerstätten vor. Von dort reicht die Molasse und ihre Unterlagerung nach Süden viele Kilometer weit unter die alpinen Decken und Schuppen hinein. Diese waren nur ein lästiges Hindernis beim Erreichen der erdölhöffigen Molasse darunter.

Turbiditbänke der Altlengbach-Formation im Hatschek-Steinbruch am Pinsdorfberg. Dahinter, auf der anderen Seite des Traunsees, ist der aus Wettersteinkalk aufgebaute Traunstein in den Nördlichen Kalkalpen zu erkennen. Zwischen Pinsdorfberg und Traunstein verläuft eine große Verwerfung, an der die Kalkalpen mehrere Kilometer weit nach Norden geschoben wurden.

Obwohl sie an die Überreste von Pflanzen erinnern, handelt es sich bei diesen Chondriten aus dem Hatschek-Steinbruch um Gänge, angelegt von Würmern, die den Tiefsee-Schlamm auf der Suche nach Nahrung durchwühlten. Breite des Bildausschnitts ca. 15 cm.

Sedimentfresser

In eklatantem Gegensatz zu den kalkalpinen Karbonatgesteinen, die durch chemische Ausfällung aus dem Meerwasser entstanden oder durch die Anhäufung kalkiger Hartteile von Meeresbewohnern, besteht das Rhenodanubikum vor allem aus Sandsteinen. Sie wurden als Wiener oder Karpaten-Sandstein bezeichnet oder als Flysch und ihr hervorstechendes Merkmal war ihre scheinbare Armut an Fossilien. Selbst der berühmte Naturforscher Charles Darwin konnte 1872 nur recht bescheiden berichten, „dass der Flysch von Wien bis in die Schweiz reicht, aber trotz dieser weiten Verbreitung außer ein paar Pflanzenresten keine Fossilien geliefert hat“. Wegen der „Pflanzenreste“ vermutete man, dass die Gesteine in der Umgebung tropischer Mangrovensümpfe gebildet worden wären. Heute aber wissen wir, dass es sich bei den beobachteten Fossilien nicht um Pflanzenreste handelt, sondern um Gangbauten von Würmern, die den feinkörnigen Schlamm zwischen den Sandsteinbänken nach Nahrung durchwühlten oder seine Oberfläche abweideten. Solche Sedimentfresser ernähren sich von den organischen Resten abgestorbener Mikroorganismen im Schlamm.

Spuren im Schlamm

Spuren im Schlamm gelten allgemein als sehr vergänglich. An der Erdoberfläche kann sie schon der nächste Regenguss verwischen, am Strand das Eintreffen der nächsten größeren Welle. Manchmal aber bleiben solche Lebenszeichen auch länger erhalten, und in besonders glücklichen Fällen versteinern sie und geben noch nach Jahrmillionen Auskunft über einen früheren Lebensraum und seine Bewohner. Anders als die versteinerten Überreste eines Tieres oder einer Pflanze, die als Körperfossilien bezeichnet werden, belegen Spurenfossilien die Aktivitäten von Lebewesen. Ichnologen (das griechi-

Ausgüsse von zungenförmigen Kolkungsmarken auf der Unterseite einer Turbiditbank aus dem Hatschek-Steinbruch. Die Spitzen der Zungen zeigen in die Herkunftsrichtung des Trübestroms, der sich in diesem Fall von links nach rechts bewegt hat.

Rote Tonflatschen oder Tongallen in einem Turbidit im Hatschek-Steinbruch. Sie stammen vermutlich aus dem helvetischen Ablagerungsraum, wurden durch den Trübestrom vom Meeresboden losgerissen und in das Penninische Ozeanbecken transportiert.

sche Wort „ichnos" bedeutet Spur), so werden die geologischen Fährtensucher und Spurenleser genannt, versuchen rauszukriegen, wer die Spur hinterlassen hat. Oft braucht es detektivischen Spürsinn, um den „Täter" zu ermitteln, oft bleibt der Täter auch anonym, weil eine Spur keiner bekannten Gruppe von Lebewesen zugeordnet werden kann.

Besonders ergiebig für die Ichnologen sind Ablagerungen der Tiefsee, weil dort die Erhaltungsbedingungen für Spuren besonders gut sind. Die üppige Vielfalt unterschiedlichster Spuren zeigt, dass dort unten, in mehr als tausend Metern Meerestiefe, das Leben floriert. Eigentlich unglaublich, dass Lebewesen in ewiger Finsternis, unter enormem Wasserdruck und mit sehr niedrigen Sauerstoffgehalten überhaupt existieren können. Lange Zeit wurde das tatsächlich für unmöglich gehalten und die Tiefsee galt als azooisch, also als frei von jedem Leben. Aber dann wurden in der zweiten Hälfte des 19. Jahrhunderts die ersten Telegrafenkabel aus den Tiefen des Mittelmeers für Reparaturzwecke heraufgeholt, und eine reiche Fauna hatte sich darauf eingenistet. Heute wissen wir, dass auch die Spurenfossilien aus dem Rhenodanubikum typische Hinterlassenschaften von Tiefseebewohnern sind.

Für den, der es dort aushalten kann, bietet das Leben in der Tiefsee viele Vorteile, man lebt sozusagen weit vom Schuss. Es gibt wohl kaum einen Lebensraum, der derart konstante Bedingungen aufweist wie der Tiefseeboden. Keine Jahreszeiten, keine Tag- und Nachtwechsel, keine sprunghaften Änderungen der Temperatur oder anderer Umweltfaktoren. Sicher ein ganz beschauliches Leben, wenn, ja, wenn da nicht die Trübeströme wären, die für die Bodenbewohner zur tödlichen Katastrophe werden können. Da das aber meist nur in sehr langen Zeitabständen von einigen Hundert oder gar Tausend Jahren passiert, herrscht die meiste Zeit am Tiefseeboden eine geradezu himmlische Ruhe.

Trübeströme

Der Meeresboden ist nicht einfach eine Ebene, sondern zeigt in weiten Gebieten ein ausgeprägtes Relief. Nicht nur der sogenannte mittelozeanische Rücken ist dafür verantwortlich, mit einer Länge von rund 60.000 Kilometern das längste zusammenhängende Gebirge der Erde, sondern auch die Kontinentalabhänge an den Rändern der Meeresbecken und die vielen kleineren Erhebungen der sogenannten tiefmarinen Schwellen.

Wie Berghänge am Land können auch Hänge am Meeresboden ins Rutschen geraten. Sie sind sogar besonders anfällig für solche Bewegungen, weil auf ihnen oft große Mengen lockere, mit Wasser gesättigte Sedimente liegen. Gerät dieser Schlamm oder Sand in Bewegung, wird weiteres Wasser eingemischt. Es entsteht ein Gemisch aus Schlamm und Wasser, dass sich, wie eine Staublawine an Land, am Meeresboden hangabwärts bewegt und dabei Geschwindigkeiten von achtzig Kilometern pro Stunde erreichen kann. Ist der Trübestrom erst einmal in Bewegung, reicht schon ein kleines Gefälle von 2 oder 3 Grad aus, um ihn nicht zum Stillstand kommen zu lassen.
Auf diese Weise können Trübeströme Distanzen von Hunderten manchmal sogar von einigen Tausend Kilometern zurücklegen, bevor sich der mitgeführte

Schlamm auf dem Boden absetzt. Die auf diese Weise entstandenen Sedimentschichten können zwischen wenigen Millimetern bis zu etlichen Zehnermetern dick sein und werden Turbidite genannt. Der weltweit größte bisher bekanntgewordene Turbidit wurde im Mittelmeer entdeckt. Er hat eine Kubatur von 600 km³ und bedeckt eine Fläche von 77.000 km².

Auf ihrem Weg erodieren Trübeströme oft den Meeresboden, indem sie beispielsweise zahlreiche kleine Kolke schaffen, die, wenn der Strom später zum Stehen kommt, mit Sediment ausgefüllt werden. Derartige zungenförmige Ausgüsse von Kolkmarken sind gar nicht so selten an der Unterseite von Turbiditbänken zu sehen und zeigen die Fließrichtung der Trübeströme an, denn die Spitzen dieser Zungen zeigen immer in die Herkunftsrichtung des Trübestroms. Bei der Erosion des Meeresbodens können Trübeströme auch größere Schlammbrocken aufnehmen und transportieren. Diese kommen dann als sogenannte Tonflatschen in manchen Sandsteinen vor.

Turbidite

Die Greifenstein-Decke besteht aus Tausenden Turbiditen, die über einen Zeitraum von rund 70 Millionen Jahren, von der frühen Kreide-Zeit bis in die frühe Eozän-Zeit, gebildet wurden. Die mächtigste Formation daraus ist die Altlengbach-Formation, die eine Dicke von bis zu 1.500 m erreicht und vom späten Campanium bis zum Ende der Paleozän-Zeit abgelagert wurde. Wegen ihrer großen Mächtigkeit baut sie die größten Flächen im Gebiet der Greifenstein-Decke auf. Benannt ist sie nach dem niederösterreichischen Ort Altlengbach. Eigenartig ist, dass aus dieser Gegend und nicht aus einem näher gelegenen oberösterreichischen Steinbruch die Bausteine für das Mauerwerk des Neuen Doms in Linz herangekarrt wurden, mit dessen Bau im Jahr 1862 begonnen wurde.

Für den Bau des Linzer Doms wurden Sandsteine verwendet, die sich vor allem aus den Mineralen Quarz, Feldspat und Glimmer zusammensetzen. Diese Minerale stammen aus der Verwitterung und Abtragung von kontinentaler Kruste. Sie wurden von Flüssen ins Meer transportiert und dort durch Trübeströme in große Tiefen verfrachtet. Derartige turbiditische Sandsteine sind die häufigsten Gesteine der Altlengbach-Formation, es gibt darin aber auch Abschnitte, in denen kalkreiche Turbidite vorkommen. Ein solcher Abschnitt wird im gegenwärtig größten aktiven Steinbruch im ostalpinen Rhenodanubikum abgebaut. Es ist der Hatschek-Steinbruch am Pinsdorfberg bei Gmunden, in dem das Ausgangsmaterial für das angeschlossene Zementwerk gewonnen wird, das jetzt von der bayerischen Firma Rohrdorfer betrieben wird. Durch den regen Abbaubetrieb mit häufigen Sprengungen ist der Steinbruch nicht öffentlich zugänglich.

Unter der Altlengbach-Formation liegt eine Abfolge von Kalkturbiditen, die früher als Zementmergelserie bezeichnet wurde und heute Röthenbach-Subgruppe genannt wird. Das Vorkommen von Kalk in Tiefseeablagerungen ist bemerkenswert, denn das Wasser am Tiefseeboden ist oft an Kalk untersättigt und löst diesen daher auf. In den meisten heutigen Ozeanen können deshalb in Meerestiefen unter 4.000 m keine Lebewesen mit kalkigen Schalen oder Gehäusen existieren.

Bunte Tonsteine aus der Tiefsee, hier im Käfergraben bei Schlierbach. Da die Tonsteine im Vergleich zu den umgebenden Sedimenten relativ weich sind, sind sie bevorzugte Bruchstellen im Gestein und daher oft an Verwerfungen oder Überschiebungen eingeklemmt.

Auf Tauchstation im Mostviertel

Ob in der Tiefsee dennoch kalkhaltige Sedimente abgelagert werden, hängt von der Ablagerungsgeschwindigkeit ab. Feine Kalkteilchen, meist Gehäuse einzelliger Lebewesen, die durch die Wassersäule langsam zu Boden sinken, werden vollständig aufgelöst, sodass sich am Meeresboden nur Tiefseeton absetzt. Die Ablagerung dieses Tons geht sehr langsam vor sich. In tausend Jahren bildet sich oft nur eine weniger als ein Zentimeter dicke Schicht. Turbidite dagegen, selbst mehrere Meter dicke Lagen, setzen sich in wenigen Stunden ab. Das Tiefseewasser kann dann nur an der Oberfläche des Turbidites ein wenig Kalk lösen, aber in den darunterliegenden Teilen der Turbiditschicht bleibt der Kalk erhalten. Zwischen den einzelnen Turbiditbänken liegen oft Tonsteinlagen, die manchmal rot gefärbt sind. Sie sind die nichtturbiditischen Ablagerungen, die zeigen, dass der Boden des Penninischen Ozeans während der ganzen Zeit seines Bestehens, also rund 70 Jahrmillionen lang, in einer Wassertiefe lag, in der Kalk bereits völlig aufgelöst wurde. In den Ozeanen der Kreide-Zeit lag diese Tiefe zwischen 3.000 m und 4.000 m. Um eine Expedition auf den Boden der Tiefsee zu machen, muss keiner wie Kapitän Nemo mit einem Unterseeboot herumkurven, es reicht für einen gemütlichen Ausflug ins Mostviertel abzutauchen.

Blick vom Weiler Haslach bei Schlierbach nach Norden. Der 695 m hohe Hochkogel (ganz links) und der steile Gupf im Vordergrund rechts werden aus kalkreichen Turbiditen der Röthenbach-Subgruppe aufgebaut, in denen meist die steilsten Hänge im Rhenodanubikum liegen. Der langgezogene, sanftere Höhenrücken dazwischen wird von Gesteinen der Altlengbach-Formation gebildet.

9

Im grünen Bereich

Der Serpentinit bei Gstadt

Literatur: Trauth, 1954

Vom Bahnhof in Waidhofen an der Ybbs ist es eine etwa 5 km lange Wanderung zu dem kleinen Steinbruch nördlich von Gstadt, in dem bedarfsweise auch heute noch Material zum Aufschottern nahegelegener Forststraßen gewonnen wird. Schon beim Anmarsch stolpert man buchstäblich über den Serpentinit, der als auffälliger grünlicher Belag auf manchen Wegen liegt.

9.1

9.2

Obwohl es nur einen Durchmesser von etwa 200 Metern hat, liefert das Serpentinitvorkommen von Gstadt, gemeinsam mit anderen kleinen voralpinen Vorkommen dieses Gesteins, einen enorm wichtigen Hinweis auf die Natur des Ablagerungsraums der Rhenodanubischen Gesteine. Der Bildungsbereich von Serpentiniten liegt in Ozeanbecken, wo sie im Erdmantel unter der ozeanischen Erdkruste entstehen.

Der Serpentinit von Gstadt und die anderen voralpinen Serpentinite entstanden in der Jura-Zeit, während sich der Penninische Ozean bildete, der wahrscheinlich eine Breite von um die tausend Kilometer erreichte. Die ozeanische Kruste dieses Ozeans tauchte später unter die Adriatische Platte und ist daher heute zum größten Teil verschwunden. Bei Gstadt ist noch ein kleiner Rest von ihr zu sehen.

Kritische Zustände

Der meist intensiv grün gefärbte Serpentinit ist ein metamorphes Gestein, das aus Peridotit entsteht, einem Gestein, das den größten Teil des Erdmantels aufbaut. Die Umwandlung von Peridotit in Serpentinit erfolgt durch Meerwasser, das an größeren Brüchen durch die Erdkruste bis in den oberen Mantel gelangen kann. Auf diesem Weg in die Tiefe nehmen Druck und Temperatur ständig zu. Wenn Wasser über eine sogenannte kritische Temperatur von 374 °C erhitzt wird, ändert es seine Eigenschaften, die dann teils einer Flüssigkeit, teils einem Gas

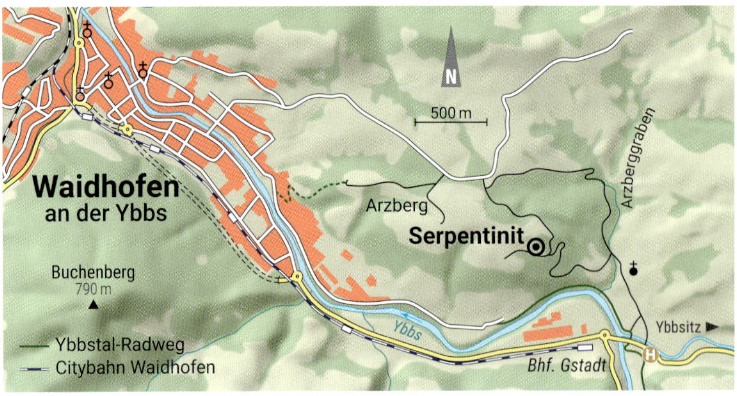

Von Waidhofen führt der Panorama-Höhenweg auf den Arzberg. In einer scharfen Linkskurve zweigt vor einem Schuppen ein Weg nach rechts ab. Darauf erreicht man, sich bei allen Gabelungen rechts haltend, den Serpentinit. Von dort führt der Weg hinunter zum Arzberggraben. Geht man nach der Brücke rechts, gelangt man am Pichler-Gut vorbei nach Gstadt.

⌖ 47°56′57″N 014°48′54″E
Aufschluss

entsprechen. Dieses überkritische Wasser reagiert mit dem umgebenden Gestein, wobei es zu Mineralumwandlungen und Mineralneubildungen kommt. So entstehen auch die verschiedenen Serpentinminerale, die Hauptbestandteile des Serpentinits.

Wie streichelt man einen Serpentinit?

Die heftige Beanspruchung des Gesteins bei der Gebirgsbildung zeigt sich in seiner starken Zerlegung. Sprünge und Risse im Gestein, der Geologe nennt sie Klüfte, sind heute als weiße Adern sichtbar. Dieses weiße Mineral ist Kalkspat (Kalzit), der aus wässerigen Lösungen ausgeschieden wurde, die in den Klüften zirkulierten. Manche Kluftflächen haben eine weißgrüne Farbe und zeigen einen matten seidigen Glanz. Diese Flächen fühlen sich glatt an und die Hand gleitet mühelos darüber. Ganz angenehm, einen Serpentinit zu streicheln. Kein Wunder, denn auf diesen Flächen liegt eine Schicht von Talk, ein weiteres Mineral, dass bei der Serpentinitbildung entstehen kann. Talk und Serpentinminerale sind beides magnesiumreiche Silikate.

Das Gestein Serpentinit besteht aus verschiedenen Serpentinmineralen. Am bekanntesten sind die Faserserpentinite, die früher für die Asbesterzeugung verwendet wurden. Heute ist die Verwendung des hitze- und säurebeständigen Asbests in Europa verboten, weil die Fasern krebserregend sind und beim Einatmen schwere Schäden in der Lunge anrichten. Aber keine Angst. Auch beim Wandern auf der mit Serpentinit geschotterten Forststraße muss man sich vor der Asbestlunge nicht fürchten. Faserserpentine kommen in Gstadt nämlich praktisch nicht vor, der dortige Serpentinit besteht aus Blätterserpentin.

Durch seine starke Zerbrechung ist der Serpentinit von Gstadt als Dekorgestein ungeeignet, er wird zu Straßensplitt verarbeitet. Ein weiterer Vorteil bei dieser Art der Verwendung ist, dass Serpentinite sehr nährstoffarme Gesteine sind, auf dem Pflanzen nur schwer wachsen. Früher wurden in Österreich manche Serpentinite und ihre Begleitgesteine deswegen auch als Bahnschotter verwendet. Wegen oft erhöhter Chromgehalte wurde diese Verwendung aus Umweltschutzgründen aber eingestellt.

9.1+2 Typisch grüner Serpentinit mit grünweißen Talklagen.

9.3 Umgeben von Wiese und Wald liegt das Serpentinitvorkommen nördlich von Gstadt.

9.4 Der stark von Brüchen zerlegte Serpentinit wird mit dem Bagger abgebaut und zerfällt dabei in meist kleine Stücke, die zum Aufschottern von Forststraßen verwendet werden (Bildausschnitt ca. 5 m breit).

10 Die Ophikarbonate bei Gstadt

Literatur: Exner & Zirkl, 1962

Wie Serpentinit ist auch Ophikarbonat ein metamorphes Gestein, das neben Serpentinmineralen auch aus Karbonatmineralen besteht. Diese bilden sich bei der Reaktion von Serpentinit mit Lösungen, die Kohlenstoffdioxid enthalten. Es sind also wieder umgewandelte Gesteine aus dem Erdmantel, die wir hier direkt neben dem Ybbstal-Radweg voller Wissbegierde betrachten können.

Genau nördlich vom Bahnhof Gstadt, der vom Bahnhof Waidhofen stündlich von der Citybahn oder dem Bus angefahren wird, macht der Verlauf der Ybbs einen weiten Bogen nach Norden. Die Innenseite solcher Flussbiegungen wird als Gleithang bezeichnet. Dort lagert der Fluss Schotter und Sand ab. Am Außenrand der Biegung, dem Prallhang, drückt die Strömung gegen das Ufer und trägt es ab, sodass das Flussbett allmählich in diese Richtung verlegt wird. Vor ihrer Regulierung hat die Ybbs bei Tommach mit einem solchen Prallhang den Hang angefressen und ein Stück des alten Ozeanbodens freigelegt.

Wanderlust und Zehennägel

Zunächst sei daran erinnert, dass der Aufbau der Erdkruste in Ozeangebieten völlig anders ist als jener der Kontinente. Das ist eine der wichtigsten geologischen Erkenntnisse des letzten Jahrhunderts. Sie öffnete den Weg zur Plattentektonik und damit zu einer mobilistischen Vorstellung von der Erde, auf deren Oberfläche Ozeanbecken entstehen und wieder vergehen, wodurch die Kontinente wandern wie einst die Müllerburschen. Na ja, der Vergleich hinkt etwas, denn obwohl die Müller zu Fuß unterwegs waren, kamen sie sicher schneller voran als die Kontinente. Deren jährliche Bewegungen können heutzutage mittels Satelliteneinsatz genau gemessen werden und entsprechen oft nur der Wachstumsrate unserer Zehennägel: zwei Zentimeter pro Jahr, um diesen Betrag nimmt die Breite des Atlantischen Ozeans zu und wächst die Entfernung zwischen Europa und Nordamerika.

Ophikarbonat und Dampfbäckerei

Kontinente werden im Wesentlichen aus granitischen Gesteinen aufgebaut, der Boden der Ozeane aus dem Vulkangestein Basalt. An Bruchzonen im Ozeanboden können auch Gesteine aus dem unter der basaltischen Kruste liegenden Erdmantel an die Oberfläche kommen. Der Erdmantel besteht vor allem aus Peridotit, einem Gestein, das große Mengen des Silikatminerals Olivin enthält. Unter dem Einfluss

10.1

von heißen Lösungen und Gasen wird Peridotit in die Gesteine Serpentinit oder Ophikarbonat umgewandelt. Letzteres besteht neben grünlichen Serpentinmineralen auch aus Karbonaten, die bei Tommach durchwegs rote Farben zeigen.

Der Besuch des Ophikarbonats ist einfach, denn es kommt direkt neben dem Ybbstal-Radweg vor, auf dem man selbstverständlich auch spazieren kann. Eine Sitzbank und ein Tisch stehen neben einigen Felsen und laden zu einer Rast ein. Von dort sind es keine fünf Minuten bis zu der kleinen roten Felswand im Wald oberhalb des Radwegs, wo das Ophikarbonat am besten aufgeschlossen ist.

Wer dann noch weiterwandern will, kann den Serpentinit von Gstadt besuchen (s. S. 54) und dann über den Panorama-Weg am Arzberg zurück nach Waidhofen marschieren, um sich dort mit den berühmten Bucheln der Dampfbäckerei Piaty am Unteren Stadtplatz ein wenig zu verwöhnen. Wer diese genießen will, muss allerdings an einem Werktag kommen, denn Sonntag ist Ruhetag.

10.1 Die Ophikarbonate stehen rechts oberhalb des Prallhangs der Ybbs an.

10.2 Grünliche Serpentinitkomponenten in einer roten Kalkmatrix sind typisch für das Ophikarbonat bei Tommach.

10.3 Das Ophikarbonat wurde in einem kleinen Steinbruch direkt an der Ybbs abgebaut, an dem heute der Ybbstal-Radweg vorbeiführt.

Zum Ophikarbonat führt von Waidhofen der Ybbstal-Radweg, auf dem man auch wandern kann. In diesem Fall bietet es sich an, weiter zum Serpentinit von Gstadt und über den Arzberg zurück nach Waidhofen zu gehen.

⌖ 47°56'51"N 014°49'07"E
Aufschluss

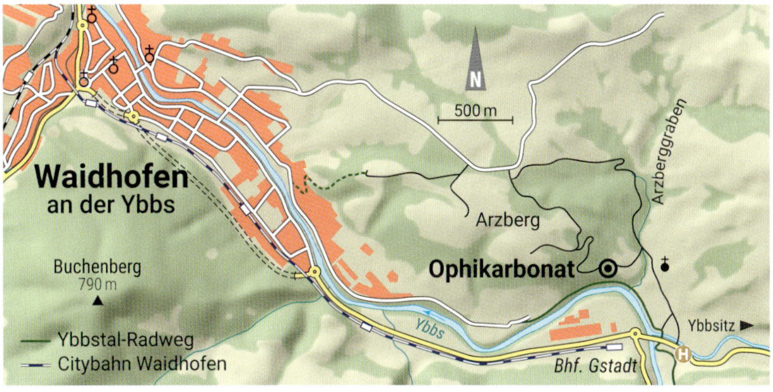

11

Scharfe Sache

Der Reidl-Steinbruch bei Ybbsitz

Literatur: Decker, 1990

Radiolarit ist ein hartes splitterig brechendes Gestein, aus dem scharfe Klingen erzeugt werden können. Das machten sich nicht nur die Menschen in der Steinzeit zunutze, sondern auch heute werden besonders scharfe Chirurgenskalpelle daraus hergestellt. Der einst im heute aufgelassenen Reidl-Steinbruch gewonnene Radiolarit diente profaneren Zwecken und wurde vor allem zum Aufschottern von Wegen benützt.

Von der Bushaltestelle geht man parallel zur Bundesstraße auf einem asphaltierten Weg in Richtung Ybbsitz, biegt nach dem ersten Bauernhof nach rechts ab, überquert auf einer Brücke die Kleine Ybbs und gegenüber dem nächsten Bauernhof folgt man einem Forstweg, der rechts bergauf zum alten Steinbruch führt. Dieser befindet sich fünfzig Meter nach einer Weggabelung am Rand des linken Wegs versteckt. Je näher wir dem Steinbruch kommen, desto mehr knirscht es unter den Schuhen. Was so knirscht sind rotbraune scharfkantige Gesteinsbruchstücke, mit denen der Forstweg aufgeschottert ist. Dabei handelt es sich um Radiolarit, der im Reidl-Steinbruch abgebaut wurde.

Dezimeterdicke Radiolaritbänke im Steinbruch Reidl.

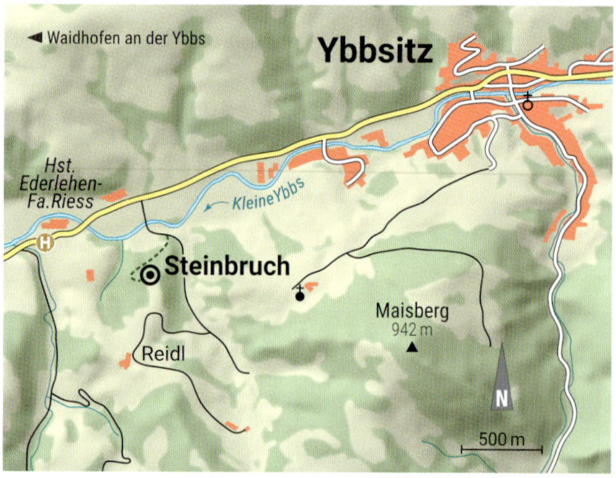

Vorm Bahnhof Waidhofen/Ybbs ist die Haltestelle der Citybahn nach Gstadt. Von Gstadt fahren die Busse der Linien MO1 (Richtung Lunz) und MO3 (Richtung Scheibbs) bis zur Haltestelle Ederlehen-Riesswerke, die etwa 1 km vom Steinbruch entfernt ist.

⌖ 47°56'19"N 014°51'48"E – Aufschluss

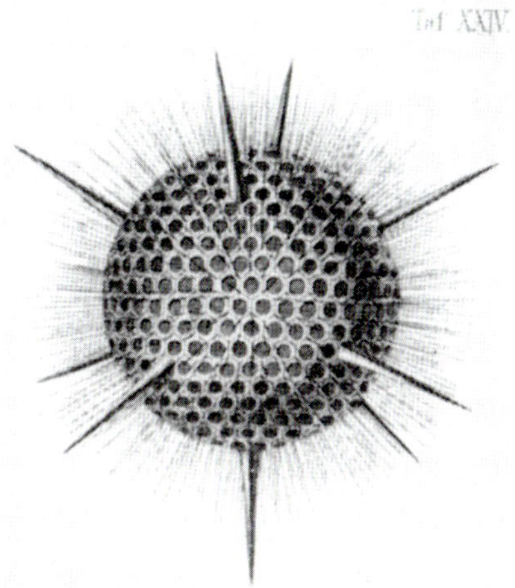

Radiolarie (aus Haeckel, 1904). Der Name bedeutet Strahlentierchen (lat. *radiolus* = Strahl) und gibt recht anschaulich die Form der Kieselskelette wieder.

Die rissige Oberfläche der Radiolaritstücke entsteht durch die Auswitterung von feinen Kalkspatadern, die Brüche im Gestein verheilten.

Hübsche Skelette

Die Steinbruchwand besteht aus zahlreichen dezimeterdicken Bänken eines braunroten Gesteins, das scharfkantig und splitterig zerbricht. Die Oberflächen der Bänke sind wellig und von weißen Kalkspatadern durchzogen. Wenn der Kalkspat ausgewittert ist, zeigt das Gestein eine von Sprüngen durchzogene Oberfläche. Das Gestein ist also verwitterungsbeständiger als der Kalkspat und besteht fast ausschließlich aus feinkörnigem Quarz. Der Quarz entstand aus kugel- oder helmförmigen Skeletten von Einzellern, sogenannten Strahlentierchen oder Radiolarien. Diese Tiergruppe lebt auch heute noch ausschließlich im Meer, wo die maximal zehntelmillimetergroßen Radiolarien in den oberen Wasserschichten als Plankton in der Strömung treiben. Nach ihrem Absterben sinken die Viecherl durch das Wasser hinunter zum Meeresboden und verwesen. Zurück bleiben ihre hübschen Skelette, die manchmal in solchen Massen auftreten, dass Gesteine fast ausschließlich daraus bestehen und dann Radiolarite genannt werden.

Das Plankton in den oberen Meeresschichten besteht nicht nur aus Radiolarien, sondern zum größten Teil aus einzelligen Algen und Tieren, die mit Kalkskeletten ausgerüstet sind. Natürlich sinken auch diese nach ihrem Absterben auf den Meeresboden, kommen aber dort offensichtlich nicht immer an. Der Grund ist, dass diese Kalkskelette schon beim Absinken im Meerwasser aufgelöst werden, weil das kalte und unter hohem Druck stehende Wasser der Tiefsee an Kalk untersättigt ist.

Vulkane am Meeresboden

In den heutigen Ozeanen wird in Wassertiefen unter 3.000 m kein Kalk mehr abgelagert. Diese Tiefe hat den respekteinflößenden Namen Kalzitkompensationstiefe oder kurz CCD. Ihre Position hat sich im Lauf der Erdgeschichte immer wieder geändert und hängt von verschiedenen Voraussetzungen ab. Ein wichtiger Faktor ist das Vorhandensein von Vulkanen am Meeresboden, da diese auch Kohlenstoffdioxid abgeben, wodurch die Kalklösung verstärkt wird. Mit dem Vulkanismus ist auch der Austritt von heißen metallreichen Lösungen verbunden, die am Meeresboden die Bildung von metallischen Krusten bewirken können. Solche kommen auch im Reidl-Steinbruch manchmal vor und zeigen sich auf dem Radiolarit als schwarze Überzüge, die vor allem Eisen und Mangan, aber auch Kobalt, Nickel und Kupfer enthalten. Richtige Vulkangesteine haben sich selten erhalten, dazu gehört ein kleines Basaltvorkommen südlich von Ybbsitz. Versteckt im Wald und schwer zu finden treten dort sogenannte Kissenlaven auf, die runde Querschnitte zeigen. Diese entstehen, wenn sich heiße Lava ins Meer ergießt und dabei rasch abkühlt.

Über dem Radiolarit liegen im Reidl-Steinbruch helle plattige Kalke, die weiter bergauf am Weg und im oberen Teil des Steinbruchs zu sehen sind. Sie zeigen, dass die vulkanische Aktivität im Ablagerungsraum am Ende der Jura-Zeit und in der frühen Kreide-Zeit abgenommen hat und die CCD in noch größere Tiefen gewandert ist.

12

In der Kreide

Die Seisenburg bei Pettenbach

Literatur: Egger & van Husen, 2007

Der Föhn hat die Wolkendecke aufgerissen und die Berge näher gerückt. Wäsche knattert auf einer Leine im Wind, Primeln und Buschwindröschen werfen temperamentvoll ihre Blütenköpfe zur Seite, als wollten sie gleich anfangen in der Frühlingssonne Tango zu tanzen. Ist das alles wahr? Der Wind macht einen wirr im Kopf. Hieß der Kerl tatsächlich Nabuchodonosor? Ein Blick in die Unterlagen beruhigt, das war wirklich sein Name. Nabuchodonosor Nankenreuther, gewesener Raubritter auf der Seisenburg bei Pettenbach.

Wer sehen will, wo der Raubritter im 15. Jahrhundert sein Unwesen trieb, fährt mit der Bahn von Wels nach Pettenbach, geht von dort nach rechts auf der Bahnhofstraße zur Museumsstraße, dann den Dürnbachweg und den Güterweg Scharzerkogel entlang, beim Scharzerhof ein kurzes Stück nach links hinauf die Magdalenabergstraße und gleich bei der ersten Forststraße nach rechts hinein in den Wald. So gelangt man auf dem Wanderweg 11/K30 nach Dörfl (Niederseisenburg), wo vorm Ortsschild für unverbesserliche Autofahrer ein kleiner Parkplatz angelegt wurde.

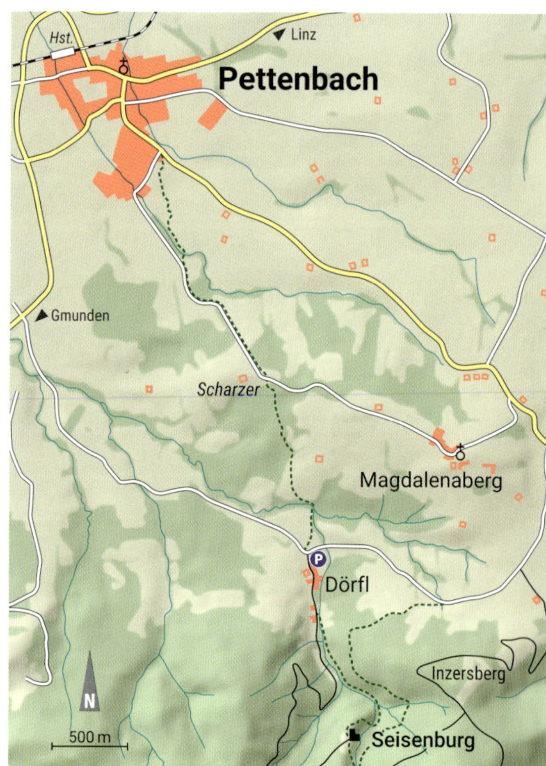

Für den Hin- und Rückweg von und zur Bahnstation Pettenbach müssen 5–6 Stunden eingeplant werden. Vom Parkplatz in Niederseisenburg (Dörfl) erreicht man die Seisenburg in knapp einer Stunde.

⌖ 47°55′26″N 014°02′14″E

Hart und weich

Vom Parkplatz führt der markierte Weg durch die Ortschaft, die auf dem Schwemmkegel des Bachs gebaut ist, der am Pernecker Kogel entspringt. Schwemmkegel bilden sich dort, wo die Transportkraft eines Fließgewässers plötzlich kleiner wird, weil sich das Gefälle verringert. Tatsächlich sind links und rechts der Häuser die Hänge ziemlich flach, während dahinter die Hänge des Pernecker Kogels steil ansteigen. Selbstverständlich hat dieser Unterschied in der Ausbildung des Geländes geologische Gründe: Die relativ flachen Hänge werden von der Buntmergelserie gebildet, die hier als langgestrecktes Fenster des Ultrahelvetikums mitten im Rhenodanubikum auftaucht. Die relativ weiche Buntmergelserie leistet der Verwitterung und Abtragung viel weniger Widerstand als die wesentlich härteren Gesteine der angrenzenden rhenodanubischen Kalkgraben-Formation, die den Anstieg zum Pernecker Kogel aufbauen.

Das Mauerwerk der Burgruine besteht aus Bruchsteinen der Kalkgraben-Formation. Für die Stufen wurden Sandsteine der Altlengbach-Formation verwendet.

Kalkgraben-Formation

Ungefähr dort, wo knapp vor den letzten Häusern von Niederseisenburg eine Brücke den Bach überquert, verläuft die Grenze zwischen Buntmergelserie und Kalkgraben-Formation. Jenseits der Brücke geht der Wanderweg steil bergan, und an der Böschung sind bald hellgraue kompakte Kalkbänke und plattig zerbrechende Kalkmergel der Kalkgraben-Formation aus dem mittleren Campanium zu sehen. Jede Bank mit dem dazugehörigen Kalkmergel ist ein Turbidit, der jeweils von einem einzigen Trübestrom auf dem ebenen Meeresboden abgelagert wurde.

Manchmal sind auf den Gesteinsbruchstücken zahlreiche bloß mm-dicke Linien erkennbar, die die Gesteinsoberfläche als enge Mäander überziehen. Es sind Spuren, die von Lebewesen zurückgelassen wurden, die vor 85 Millionen Jahren den Tiefseeboden systematisch nach Nahrung absuchten. Ein alter Name für diese Spuren ist „Helminthoideen", wissenschaftlich korrekt heißen sie *Nereites*. Ob es Würmer, Schnecken oder winzige Krebse waren, die sich auf diesen engen Schleifen bewegten, wissen wir nicht. Vermutlich sind die Erzeuger derartiger Spuren schon in der Eozän-Zeit ausgestorben, denn in jüngeren Sedimenten wurden sie noch nicht beobachtet.

Mauerwerk

Die Seisenburg steht auf einem von der Kalkgraben-Formation aufgebauten Felsrücken, der nach drei Seiten steil abfällt. Kein schlechter Platz für einen Raubritter, aber auch nach Nabuchodonosor war die Burg noch bewohnt. Erst seit der Mitte des vorigen Jahrhunderts ist sie verlassen. Kaum zu glauben, dass sie in dieser kurzen Zeit seither fast völlig verfallen ist und nur so wenige Mauerreste erhalten sind. Diese sind aus Bruchsteinen gebaut, die vor Ort gewonnen wurden, aus kompakten Lagen der Kalkgraben-Formation. Sie zerbrechen beim Abbau in Blöcke, die sich gut als Mauersteine eignen, aber zu klein sind für größere Bauteile. Für solche, vor allem Stufen, wurden quarzreiche Sandsteine aus dem oberen Campanium der Altlengbach-Formation herangeschafft, aus denen sich größere Werkstücke gewinnen lassen. Fenster- und Türwölbungen wurden großteils mit gebrannten Ziegeln gemauert.

Ausblicke mit Tiefgang

Gegenüber dem Zugang zur Ruine führt der markierte Weg zum Pernecker Kogel hinein in den Wald. Schon nach wenigen Metern steht an der rechten Böschung wieder die Kalkgraben-Formation an, deren

Harte Kalkbänke und plattig brechende Kalkmergel bauen die Turbidite der Kalkgraben-Formation am Weg zum Pernecker Kogel auf.

Lagen hier senkrecht stehen. An ihnen vorbei führt der Weg zuerst weiter den Bach entlang. Auch im Bachbett sind immer wieder Kalkturbidite zu sehen. Dann geht es durch den Wald ein kurzes Stück steil hinauf zu einer Forststraße. Folgt man ihr nach links, kommt man über den Inzersberg nach Magdalenaberg. Schon vorher bietet der Weg hübsche Aussichten auf den idyllischen Ort.

Der Magdalenaberg wird von Gesteinen der Altlengbach-Formation aufgebaut. Er ist hier der nördlichste Hügel des Rhenodanubikums, an den die Molassezone angrenzt, die vorwiegend aus oligozänen und miozänen Gesteinen besteht. Ganz im Hintergrund ist der Anstieg des Mühlviertels erkennbar, dessen Granite und andere Gesteine sich unter der Molassezone und auch unter den Alpen fortsetzen. Wie verschiedene Untersuchungen gezeigt haben, liegt die Oberfläche dieser kristallinen Gesteine etwa 4.000 m unter dem Gipfel des Pernecker Kogels.

Vom Ort führt die Magdalenabergstraße zurück zum Scharzerhof, und von dort geht es auf dem gleichen Weg wie beim Herweg zurück zum Bahnhof.

Nur mm-dick sind die mäandrierenden Spuren von Würmern (*Nereites* sp.; „Helminthoideen"), die vor 85 Jahrmillionen auf der Oberfläche des Meeresbodens nach Nahrung suchten.

Blick von der Forststraße am Inzersberg nach Norden über Magdalenaberg und die anschließende flache Molassezone bis zu den Hügeln des Mühlviertels.

13

Von unten nach oben

Der Ahornleitengraben bei Großraming

Literatur: Egger, 1995; Egger & van Husen, 2011

Nördlich des Pechgrabenbachs erhebt sich der 1.000 m hohe Spadenberg, der höchste Punkt im Rhenodanubikum zwischen Ennstal und Wien. Er ist das Quellgebiet mehrerer, in den Pechgraben einmündender Bäche, die sich tief in die rhenodanubischen Gesteine eingeschnitten haben. Einer dieser tiefen Einschnitte ist der Ahornleitengraben, wo Gesteinsschichten vom unteren bis zum oberen Campanium aufgeschlossen sind, die wir auf unserem Ausflug von unten nach oben durchqueren.

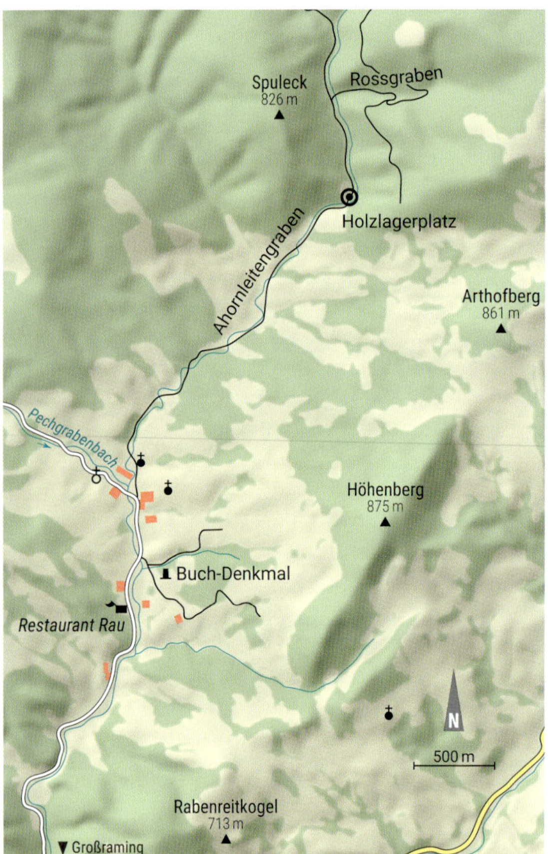

Der Beginn des Profils beim Holzlagerplatz liegt ca. 3 km nördlich vom Buch-Denkmal (s.S. 100).

⌖ 47°56'19"N 014°33'17"E – Holzlagerplatz

Beim alten Feuerwehrhaus nördlich des Buch-Denkmals zweigt von der Pechgrabenstraße der asphaltierte Güterweg in den Ahornleitengraben nach Norden ab. Immer am Bach entlang durchquert der Weg zunächst die Gresten-Klippenzone, die hier hauptsächlich aus eozäner Buntmergelserie aufgebaut und anfällig für Hangrutschungen ist. Nach etwa 2,5 km werden die Talflanken stabiler und steiler und das Rhenodanubikum ist erreicht, unter dem die Gresten-Klippenzone in der Tiefe verschwindet. Links unten im Bachbett sind dezimeterdicke hellgraue Kalkturbiditbänke der untercampanen Piesenkopf-Formation zu sehen, welche hier die Basis des Rhenodanubikums bildet. Die rhenodanubischen Gesteine sind durchwegs einheitlich nach Norden geneigt, also bachaufwärts, wodurch wir bei unserem Spaziergang in dieser Richtung in immer höhere Anteile der Gesteinsabfolge gelangen. Etwas mehr als einen halben Kilometer werden wir bis zur Einmündung des Rossgrabens wandern und dabei sehen, welche Gesteine sich über einen Zeitraum von rund acht Millionen Jahren in der Tiefsee gebildet haben.

Der grantige Hund ist längst tot

Vor dem Schranken der Ahornleiten-Forststraße gibt es einen Holzlagerplatz, auf dem man auch parken kann. Vor vierzig Jahren stand hier noch ein Haus, das von einem grantigen Hund bewacht wurde, den der Autor noch in unangenehmer Erinnerung hat. Haus und Hund sind längst Vergangenheit, weshalb sich geologisch interessierte Besucher des Ahornleitengrabens nun ungestört, hingerissen und mit dem richtigen Biss den Gesteinen widmen können.

Blick nach Norden in den Ahornleitengraben. Die flachen Wiesenhänge in der unteren Bildhälfte gehören noch zur Gresten-Klippenzone und werden vor allem aus Buntmergelserie aufgebaut. Die steileren und bewaldeten Hügel dahinter, wie das Spuleck (826 m), sind bereits Teil des Rhenodanubikums. Links im Hintergrund der Spadenberg.

Kalkturbidite

Von der Forststraße vorm Holzlagerplatz ist das Bachbett bequem einsehbar, wo hellgraue Gesteine anstehen, die einen auffälligen Wechsel von harten kompakten Bänken mit dazwischenliegenden plattig brechenden Abschnitten zeigen. Das sind die Kalkschlamm-Turbidite der Kalkgraben-Formation, die von Trübeströmen im mittleren Campanium auf dem Tiefseeboden abgelagert wurden. Die kompakten Lagen, bis zu einem Viertelmeter dicke Kalksteine, sind die unteren Abschnitte der Turbidite. Nach oben gehen sie in plattig brechenden Kalkmergel („Zementmergel") über, der bis zu einem Meter dick werden kann. Jeder dieser Zyklen aus einer Hartbank und dem anschließenden etwas tonreicheren Kalkmergel wurde von einem Trübestrom innerhalb weniger Stunden sedimentiert, bevor wieder für einige Hundert oder Tausend Jahre Ruhe auf dem Tiefseeboden einkehrte.

In den langen Zeiten zwischen der Ankunft der einzelnen Trübeströme wurde auf dem Meeresboden nur Ton abgelagert, feine Partikel, die durch das Meerwasser langsam auf den Meeresgrund hinabschwebten. Kalkteilchen werden auf dem Weg durch die Wassersäule aufgelöst, weil das Tiefseewasser an Kalk untersättigt ist. Die Tonschichten der Tiefsee wachsen so langsam, dass die Dicke einer solchen Lage in einem Jahrtausend um weniger als einen Zentimeter zunimmt.

Wenn wir beim Weitergehen auf der Forststraße immer wieder einen neugierigen Blick hinunter ins Bachbett werfen, sehen wir, dass diese Tonlagen häufiger werden, während die helleren plattigen Kalkmergel fast gar nicht mehr auftreten. Wir sind jetzt in der sogenannten Hällritz-Formation angelangt, in der bis Dreiviertelmeter dicke kompakte turbiditische Kalkbänke entweder direkt aneinandergrenzen oder nur durch dünne Tonlagen getrennt werden.

Tote Hose in der Tiefsee

Über der Hällritz-Formation, also wieder ein Stück bachaufwärts, werden die Tonlagen immer mehr und die dicken Kalklagen immer weniger. Dieser tonreiche Abschnitt des Profils gehört zur Perneck-Formation, die an der Wende von der mittleren zur oberen Campanium-Zeit gebildet wurde. Die Tonsteinlagen sind oft grün, manchmal aber auch rot gefärbt, und ihre Häufigkeit zeigt, dass zur Zeit ihrer Entstehung nur selten Trübeströme diesen Teil des Meeresbodens erreichten. Warum wohl? Wir wissen es nicht genau und können nur spekulieren. Entweder hat sich das bisherige Liefergebiet des Kalkschlamms umgestaltet, es könnte beispielsweise durch Bewegungen der Erdkruste abgesenkt oder gehoben worden sein, oder tektonische Bewegungen haben die Morphologie des Tiefseebodens verändert und damit die Bewegungsrichtung der Trübeströme. Tatsächlich lässt sich eine solche Veränderung des Fließverhaltens nachweisen, denn die kalkreichen Trübeströme kamen aus Westen, während die Turbidite, die über der Perneck-Formation liegen, aus Osten angeliefert wurden.

Turbulenzen

Nach der Ablagerung der Perneck-Formation wurden die Zeiten in der Tiefsee im wahrsten Sinn des Wortes wieder turbulenter. Trübeströme rasten wieder öfter über den Meeresboden und lagerten oft mehr als meterdicke braun gefärbte Turbiditbänke ab, die meist ohne Zwischenlagerung von Tonlagen direkt aneinandergrenzen. Im Gegensatz zu den Turbiditen im unteren Abschnitt des Profils enthalten die Turbidite jetzt ganz wenig Kalk, dafür aber große Mengen der Minerale Quarz und Glimmer. Diese Bestandteile stammen von Verwitterungsprozessen in Landgebieten, wurden durch Flüsse ins Meer gespült und bewegten sich dort als Trübeströme in große Meerestiefen hinunter. Die Sandsteine sind widerstandsfähiger gegen die Erosion als die tonreiche Perneck-Formation und bilden daher eine deutliche Steilstufe im Bachbett. Bis zur Einmündung des Rossgrabens haben wir die besten Aufschlüsse dieses Gebietes gesehen. Wanderlustige, die auf den Forststraßen weiter zum Spadenberg wandern, werden immer wieder kleinere Aufschlüsse der Altlengbach-Formation sehen, die nach oben tonreicher und kalkreicher wird. Der bewaldete Gipfel des Spadenbergs, der leider keine Fernsicht bietet, besteht aus Ablagerungen des oberen Maastrichtiums.

13.1 Perneck-Formation (vorwiegend Tonsteine und dünne feinkörnige Turbiditlagen).

13.2 Hällritz-Formation (dicke Kalkturbidite mit geringem Anteil an Sand und Silt).

13.3 Kalkgraben-Formation (Kalkturbidite mit kompakten Bänken an der Basis, die nach oben in plattig aufspaltende Kalkmergel übergehen).

13.4 Altlengbach-Formation unterhalb der Einmündung des Rossgrabens (dickbankige Turbidite mit geringem Kalkgehalt, aber hohem Anteil an Quarz und Glimmer).

14

Herumeiern

Die Kugelsteine im Sulzbach bei Adlwang

Literatur: Oberösterreichisches Naturschutzbuch (www.land-oberoesterreich.gv.at/ndb.htm)

Südlich von Adlwang liegen kugelige und ovale Felsen wie Rieseneier in den beiden Quellbächen des Sulzbachs. Die Kugelsteine haben Durchmesser von bis zu einem Meter und stehen seit 2004 unter Naturschutz. Nahe dem Sulzbach stand bis ins 18. Jahrhundert eine gotische Kirche, die dem Heiligen Nikolaus geweiht war. Das Attribut dieses Heiligen sind drei Kugeln. Waren die Kugelsteine ein Grund, den Nikolaus gerade beim Sulzbach zu verehren?

Zwei jeweils etwa halbmetergroße Konkretionen im östlichen Ast des Sulzbachs.

Nach einem halbstündigen Fußmarsch von der Bushaltestelle in der Ortsmitte von Adlwang stehe ich verblüfft vor einem Nest, das vom Sulzbach umflossen wird. Auf Reisig und Ästen liegt ein einziges halbmetergroßes, moosbewachsenes Ei. Rennen hier noch Dinosaurier rum und legen Eier? Natürlich nicht! Denen wurde schon vor 66 Millionen Jahren der Garaus gemacht. Das „Nest" entpuppt sich dann auch rasch als Astwerk, das vom Bach an den Felsen geschwemmt wurde, der nicht auf den Ästen liegt, sondern daneben.

Knödel, Eier, Kugeln

Nachdem das „Nest" eine prosaische Erklärung gefunden hat, wenden wir uns dem „Ei" zu. Es besteht aus Stein, bei genauerer Betrachtung aus grobkörnigem Sandstein, wie er auch sonst im Sulzbach häufig vorkommt. Hat sich hier jemand bildhauerisch betätigt? Jemand, der nichts Besseres zu tun hat, als aus dem Sandstein Kugeln und Eier zu meißeln? Auch diese Vermutung zerschlägt sich rasch, denn am Bachufer ist zu sehen, dass die Kugeln im Sandstein stecken und vom Bach freigelegt werden. Die Kugeln sind offenbar härter als der umgebende Sandstein, der leicht verwittert und dann zu losem Sand zerfällt, den der Bach mühelos abtransportieren kann. Dieser wenig verwitterungsbeständige Sandstein wird deswegen auch Mürbsandstein genannt. Er stammt aus der spätesten Kreide-Zeit, dem Maastrichtium, und wurde zwischen 72 und 66 Millionen Jahren vor heute am Boden eines mehrere Tausend Meter tiefen Meeres von Trübeströmen abgelagert. Ein Trübestrom ist ein Gemisch von Sand, Schlamm und Wasser, das sich mit bis zu 80 Stundenkilometern etliche hundert Kilometer weit über den Meeresboden bewegen kann.

An dieser Stelle im westlichen Ast des Sulzbachs stecken die Konkretionen noch zum Teil im grauen, mürb verwitternden Sandstein und werden langsam durch die Bacherosion freigelegt.

Konkretionen

Die Kugelsteine sind offenbar stärker verfestigte Teile dieses kreidezeitlichen Sandsteins. In der Sprache der Geologen heißen solche Härtlinge Konkretionen. Diese können rund und oval sein wie im Sulzbach, an anderen Orten kommen aber auch unregelmäßig geformte Konkretionen vor, die an Skulpturen erinnern. Dennoch handelt es sich dabei um natürlich entstandene Formen, die im Sediment gewachsen sind. Dieses wird nach der Ablagerung von wässerigen Lösungen durchflossen, aus denen sich Minerale absondern. Meistens handelt es sich dabei um Kalkspat, der dann wie Zement den lockeren Sand zu einem harten Sandstein verfestigt. Die Verfestigung ist dort am stärksten, wo im Sand kleine Pflanzenteile oder anderes organisches Material steckt. Rund um solche Komponenten ändert sich der Chemismus der Flüssigkeit so, dass die Zementbildung begünstigt wird und Konkretionen entstehen.

Wieso aber enthält ein in der Tiefsee abgelagerter Sand Teile von Landpflanzen? Diese zeigen, dass der Sand durch Flüsse vom Land ins Meer transportiert worden ist. Dort wurde der Sand am Rand des Kontinentalabhangs abgelagert, der die seichten Meeresgebiete mit der Tiefsee verbindet. Durch die stetige Ablagerung von Sand wurde das Gewicht des Sedimentkörpers so groß, dass Teile davon abrutschten und sich durch die Aufnahme von Wasser in Trübeströme entwickelten, die sich hangabwärts in die Tiefsee bewegten.

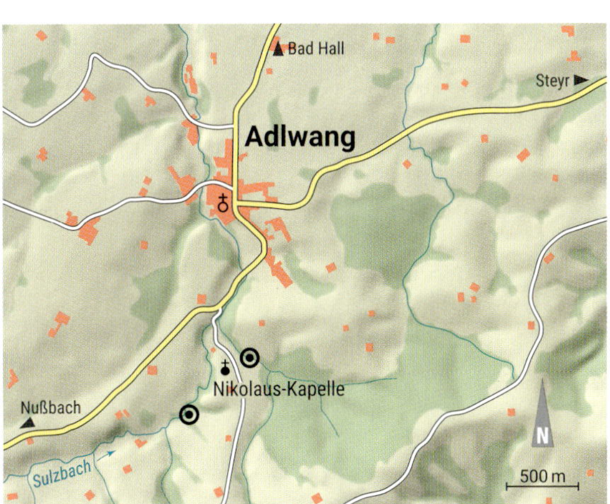

Adlwang kann mit der **Buslinie 468** erreicht werden, die mehrmals täglich zwischen Kirchdorf a.d. Krems und Bad Hall verkehrt (**stern-verkehr.at**). Beim alten Mesnerhaus der Kirche (hinter der neu gebauten Nikolaus-Kapelle) liegt ebenfalls ein Kugelstein.

⌖ 47°58′46″N 014°12′47″E – Aufschluss

15

Rohlinge und Scharfmacher

Der Schleifstein-Abbau bei Böhlerwerk

Literatur: Engleitner, 1806; Lemmerhofer, 2010

Die turbiditischen Sandsteine aus dem untersten Abschnitt der Altlengbach-Formation, die wir bereits im Ahornleitengraben kennengelernt haben, besaßen auch wirtschaftliche Bedeutung. Oft wurden diese rund 75 Millionen Jahre alten Gesteine aus dem späten Campanium als Bausteine abgebaut, manche besonders gut geeignete Sandsteinlagen lieferten auch begehrte Schleifsteine. Waidhofen an der Ybbs war ein Zentrum dieser Nutzung.

Wirtschaftlich betrachtet gibt es im Rhenodanubikum nicht viel zu holen. In Oberösterreich ist in diesem Zusammenhang an erster Stelle der große Steinbruch am Pinsdorfberg bei Gmunden zu erwähnen, wo noch heute Rohstoffe für die Zementproduktion gewonnen werden. Viele andere kleine Steinbrüche für die Gewinnung von Bausteinen sind heute außer Betrieb. Das größte aus rhenodanubischen Sandsteinen erbaute Gebäude in Oberösterreich ist der Linzer Dom, dessen Bausteine aber aus dem Negrelli-Steinbruch im niederösterreichischen Neulengbach herangeschafft wurden. Ein dritter Erwerbszweig war die Gewinnung von Schleif- und Mühlsteinen, die in Oberösterreich vor allem im Almtal bei Scharnstein betrieben wurde, wo der Hauptabnehmer für die Schleif- und Wetzsteine die dortige Sensenfabrik war. Der historisch bedeutendste Abbau von Mühlsteinen und Schleifsteinen im Rhenodanubikum befand sich aber im niederösterreichischen Mostviertel bei Waidhofen an der Ybbs.

Stadt aus Sandstein

Beim Ortsschild an der südlichen Gemeindegrenze von Sonntagberg zweigt von der Ybbstal-Bundesstraße eine Zufahrtsstraße nach Westen ab. In diese mündet gleich nach der Abzweigung ein Weg ein, der parallel

15.1

15.2

zur Bundesstraße bergauf verläuft. Nach einer Weggabelung liegen die ersten alten Steinbrüche entlang des rechten Wegs. Der linke Weg führt in zwei Serpentinen höher hangaufwärts, wo sich weitere, stark verwachsene Steinbrüche befinden. In einem dieser Brüche kann ein Rohling betrachtet werden. Um keine falschen Erwartungen zu wecken: Dort im Wald lauert nicht etwa ein Brutalo mit finsteren Absichten, sondern es liegt bloß ein harmloser, nicht fertiggestellter, nur roh behauener Schleifstein herum.

Eigentlich dienten die Steinbrüche in erster Linie auch nicht der Schleifsteinproduktion, sondern der Gewinnung von Bausteinen. Die Gebäude der nahen Stadt Waidhofen wurden zum überwiegenden Teil aus solchen Sandsteinen errichtet. Besonders gut ist an der alten Stadtmauer, den Strebepfeilern der Stadtpfarrkirche, dem Türkenturm und den Mauern des Rothschild-Schlosses zu sehen, dass Sandstein der Altlengbach-Formation das Erscheinungsbild der Stadt prägt.

Scharfmacher

Naturschleifsteine aus Sandstein waren wichtig für die Schmiedewerkstätten, die in Waidhofen bereits seit dem Mittelalter Werkzeuge und Waffen erzeugten. Erst in den von Wasserkraft angetriebenen Schleifanlagen wurden Messer, Schwerter und Sensen zu Qualitätsprodukten, die sich gut verkaufen ließen. Nur bestimmte Sandsteinlagen sind für die Herstellung von Schleifsteinen gut geeignet. Für ihren Abbau

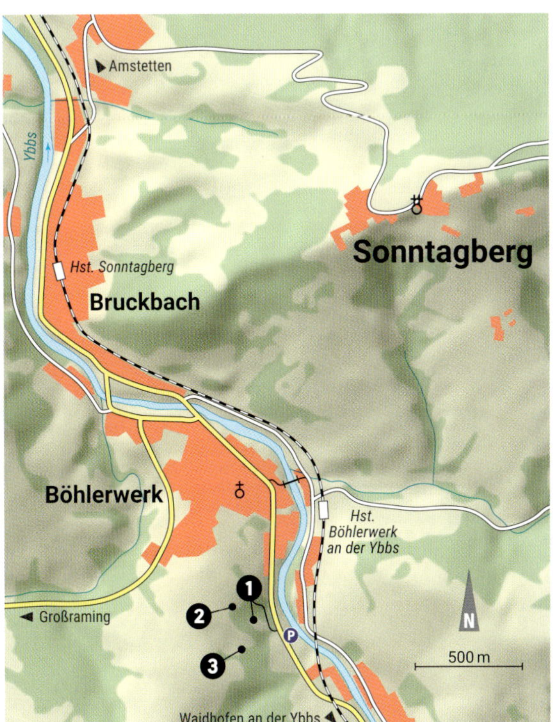

15.1 Auch die Strebepfeiler der Stadtpfarrkirche sind aus Sandstein der Altlengbach-Formation gebaut.

15.2 Sandsteinbänke der Altlengbach-Formation im Steinbruch der Familie Ritt.

15.3 In einem der alten Steinbrüche liegt noch ein grob behauener runder Schleifstein, der nie abtransportiert wurde. Dieser Rohling hat hier die Zeit überdauert.

Etwas flussabwärts von der Bahnhaltestelle Böhlerwerk, das zur Gemeinde Sonntagberg gehört, überquert ein Steg die Ybbs. Auf der Ybbstal-Straße geht man in Richtung Waidhofen bis zum Ortsende von Sonntagberg (ein kleines Stück weiter gibt es eine Parkmöglichkeit bei einem Supermarkt). Direkt bei der Ortstafel beginnt der Forstweg zu den alten Abbauen.

Beginn Forstweg
⌖ 47°58′41″N 014°45′05″E

❶ **Steinbruch der Fam. Ritt**
⌖ 47°58′44″N 014°45′01″E

❷ **Steinbruch mit Rohling**
⌖ 47°58′44″N 014°44′56″E

❸ **Alter Stollenausgang**
⌖ 47°58′38″N 014°44′58″E

Einer der Eingänge, die Bergleute nennen sie Mundlöcher, in das alte Sandsteinbergwerk.

wurden Stollen angelegt, da sonst zuerst das ganze sie überlagernde Gestein hätte entfernt werden müssen. Zu einem Stolleneingang gelangt man, wenn man auf dem oben beschriebenen linken Weg an den Steinbrüchen vorbei bis zum Waldrand geht, dann eine schmale Wiese überquert und auf ungefähr gleicher Höhe den gegenüberliegenden Waldfleck betritt.

Dieser Stollen, dessen Betretung verboten ist, gehörte zu einem Schleifsteinabbau, der im Jahr 1799 vom Staat gekauft worden war. Der Kauf diente der Nachschubsicherung, da infolge der Bedrohung durch die napoleonischen Truppen die Waffenproduktion gesteigert werden musste und damit auch der Bedarf an Schleifsteinen zunahm, die nicht nur zum Schärfen und Wetzen von Klingen gebraucht wurden, sondern auch bei der Herstellung von Gewehren, Bajonetten und Ladestöcken.

Die Schleifsteinbruch Manipulation

Hier geht es nicht um irgendwelche zwielichtigen Machenschaften, sondern „Manipulation" ist im Sinn von „Bearbeitung" zu verstehen. Die „Schleifsteinbruch Manipulation" ist ein handgeschriebener Bericht aus dem Jahr 1806, in dem mit ausgezeichneten farbigen Illustrationen die Gewinnung und Bearbeitung der Schleifsteine dargestellt ist. Dieses einzigartige Dokument wurde von Johann Engleitner verfasst, der als vom Staat bestellter neuer Steinbruchverwalter tätig war. Er stammte aus Hallstatt, wo er im Salzbergwerk Bergbauerfahrungen gesammelt hatte. Diese Waidhofener Handschrift gelangte über verschiedene Umwege nach Ungarn, wo sie in der Universitätsbibliothek von Miskolc aufbewahrt wird.

Die schwere Arbeit in den niedrigen feuchten Stollen war sicher kein Honiglecken und wurde von den Bergleuten im Liegen verrichtet. Abgesehen von der körperlichen Anstrengung bei der Gewinnung der Schleifsteine, die Durchmesser von bis zu zwei Metern und ein Gewicht von bis zu tausend Kilogramm hatten, war das Herausschlagen der Werkstücke mit Hammer und Meißel auch höchst ungesund, weil der dabei erzeugte und eingeatmete quarzreiche Staub über kurz oder lang zur gefürchteten Quarzstaublunge oder Silikose und damit zum frühen Tod führte.

Die Abbildungen der Waidhofener Handschrift (Engleitner, 1806) zeigen unter anderem auch die mühevolle Arbeit der Schleifsteingewinnung in dem niedrigen Bergwerksstollen (aus einer von Zsámboki László herausgegebenen Faksimilie-Ausgabe der Handschrift, Miskolc-Waidhofen 1990).

Dieses Leiden war als Schleiferkrankheit bekannt, weil neben den Bergleuten auch die Schleifer bei ihrer Arbeit dem quarzreichen Abrieb der Schleifsteine ausgesetzt waren.

Der ideale Schleifstein

Welche Art Sandstein war aber überhaupt die Mühe wert, unterirdische Stollen für seine Gewinnung anzulegen? Zum Schleifen von Schneidgeräten eignen sich am besten Sandsteine, die vor allem Quarzkörner als Komponenten enthalten, weil diese hart genug sind, um feine Späne von der Metalloberfläche abzuheben. Je feiner die Quarzkörner sind, desto besser wird der Schliff. Die Größe der Körner soll möglichst gleich sein, damit sich der Schleifstein gleichmäßig abnützt und seine Oberfläche eben bleibt. Damit die Oberfläche aber auch rau bleibt, ist es wichtig, dass die Körner, wenn sich ihre feinen Kanten abgeschliffen haben, aus dem Stein brechen. Sie sollten daher in einer Grundmasse stecken, die weicher ist als die Körner. Bei den Waidhofener Sandsteinen besteht diese Matrix aus Kalk. Sandsteine mit einer Matrix aus Ton sind als Schleifsteine nicht geeignet, weil wegen der zu geringen Härte der Tonminerale der Abrieb zu groß wäre und der Stein schnell verschleißen würde.

Sonntagberger Wetzstein

Beim Schleifen wird eine neue Schneide geschaffen, beim Wetzen dagegen wird eine Schneide nur nachgeschärft. Wetzsteine sind feinkörniger als Schleifsteine und auch viel kleiner und handlicher, weil sie beim Mähen mit der Sense mit hinaus ins Feld genommen oder im Haus in der Bestecklade bei den Messern aufbewahrt werden. Einer alten Tradition folgend, werden solche Wetzsteine heute wieder am Sonntagberg erzeugt. Auch dort gibt es alte Stollen, an die Hofnamen wie „Stölln“ erinnern. Die Wetzsteine können in den Geschäften bei der Wallfahrtskirche Sonntagberg erstanden werden, die der Legende nach über einem wundertätigen Steinblock errichtet wurde. Ist es nicht erstaunlich, dass der Sandstein der Altlengbach-Formation hier sogar kultische Verehrung genießt?

Die zwischen 1706 und 1732 auf dem Sonntagberg erbaute barocke Wallfahrtskirche zur Heiligen Dreifaltigkeit und zum hl. Michael steht auf grobkörnigem Sandstein (Ober-Campanium) der Altlengbach-Formation. Auch am Sonntagberg wurde dieses Gestein an mehreren Stellen für Schleif- und Wetzsteine abgebaut.

UFO-Alarm

16 Die Spurenfossilien aus Pinsdorf

Literatur: Egger, 2009; Fugger, 1903; Vialov, 1989

Über Neufunde von „außerordentlichen und abnormen Fossilien, die der Fantasie den größten Spielraum geben" berichtete das „Linzer Volksblatt" in seiner Ausgabe vom 30. August 1903. Auch heute tappen wir noch im Dunkeln, wie diese Versteinerungen genau entstanden sind. Es sind wahrhaftige UFOs: unbekannte fossile Objekte, deren Geheimnis noch nicht gelüftet ist.

Der aufsehenerregende Fund kam in der Saure-Gurken-Zeit gerade recht. Nahe des Gmundner Bahnhofs wurden im Juni des Jahres 1903 im Steinbruch Nußbaumer eigenartige Strukturen an der Unterseite einer Sandsteinbank entdeckt. Die Presse hielt die interessierten Leser auf dem Laufenden. So etwa das „Linzer Volksblatt", das gleich mehrfach über die aufgetauchten Kuriositäten berichtete, die den Reporter an das Gerippe eines jungen Krokodils und an eine sehr lange Schlange erinnerten. Es wurde aber auch drauf hingewiesen, dass die Gebilde aus nichts anderem als Sandstein bestehen und keine Spuren von Knochen, Knorpeln oder Schalen zu erkennen seien.

Dem Täter auf der Spur

Die ersten Fachleute, die anreisten, um die Fossilien zu begutachten, waren Teilnehmer des Internationalen Geologenkongresses, der zufällig gerade in Österreich stattfand. Unter ihnen war der französische Professor Charles Depéret aus Lyon, der bestätigte, dass die Fossilien keine Überreste von Tierkörpern darstellen, sondern vielmehr die Ausgüsse von Tierspuren seien. Diese Interpretation ist auch heute noch gültig. Unklar dagegen ist immer noch, welch ein Geschöpf

In der linken oberen Bildecke ist eine *Pinsdorfichnus*-Spur zu sehen, sonst dominieren auf diesem Bild Fächermarken, die bei Fließbewegungen des unverfestigten Sediments entstanden sind. Fließrichtung von rechts oben nach links unten. (Foto: M. Brüggemann-Ledolter).

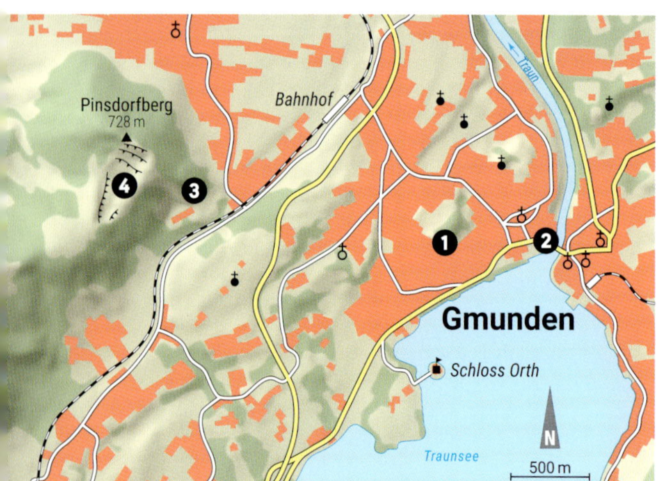

Die Kammerhofmuseen sind in der Kammerhofgasse 8 untergebracht (www.k-hof.at). Das Naturdenkmal befindet sich an der Kreuzung Franz Stelzhamer-Straße und Dr. Ing. Josef Stern-Straße.

1. Naturdenkmal ⌖ 47°55'06"N 013°47'34"E
2. Kammerhofmuseen
3. Steinbruch Nußbaumer
4. Zementbruch

Der Zugang zu den Steinbrüchen ist nicht erlaubt.

hier seine Spuren hinterlassen und sich im Gestein buchstäblich verewigt hat.

Mit fossilen Spuren beschäftigt sich eine eigene Wissenschaft, die Ichnologie (das griechische Wort ichnos bedeutet *Spur*). Wie Detektive sind die Ichnologen im wahrsten Sinn des Worts dem Täter auf der Spur. Oft lässt sich dieser aber auch mit ausgeklügelten Methoden nicht ermitteln und bleibt unbekannt. Vielleicht hat ja ein längst ausgestorbenes Tier die Spur angelegt, oder ein Tiefseebewohner, von dessen Existenz noch gar nichts bekannt ist. Schließlich ist die Tiefsee, also Meeresgebiete mit mehr als tausend Metern Wassertiefe, auch heute noch der am wenigsten erforschte Lebensraum unserer Erde und wir kennen nur einen winzigen Teil von dem, was sich dort im Finstern abspielt. Oder mit anderen Worten: Zwei Drittel der Oberfläche unseres Planeten sind noch weitgehend unbekannt, unbekannter als die Oberfläche des Mondes.

Pinsdorfichnus

Eine der merkwürdigsten Gattungen von Spurenfossilien ist *Pinsdorfichnus*, benannt nach dem Ort Pinsdorf bei Gmunden. Auf den ersten Blick erinnert das Fossil an den Ausguss einer Motorradspur oder den Abdruck einer Wirbelsäule, aber auch als Darminhalt eines großen Wurms wurde es interpretiert. Am Pinsdorfberg ist auch heute noch ein riesiger Steinbruch in Betrieb, wo für das örtliche Zementwerk Gesteine aus der späten Kreide-Zeit (Maastrichtium) abgebaut werden. Diese Gesteine gehören zur Altlengbach-Formation, die hier reich an kalkigen Einschaltungen ist. Ein benachbarter kleinerer Steinbruch, der von der Steinmetzfamilie Nußbaumer betrieben wurde, ist in einem etwas tieferen Abschnitt (Ober-Campanium) der Altlengbach-Formation angelegt, die dort vor allem aus Sandstein besteht. Dieser Nußbaumer-Steinbruch war der Fundort der aufsehenerregenden Fossilien. Der Steinbruchbesitzer widerstand der Verlockung diese einmaligen Objekte zu verkaufen, obwohl sogar das Britische Museum in London Interesse an den Stücken bekundete, wie das „Linzer Volksblatt" am 16. September 1903 zu berichten wusste. Der Großteil der Versteinerungen befindet sich daher heute noch im Privatbesitz der Familie Nußbaumer, ein Stück ist im Kammerhofmuseum Gmunden ausgestellt und kann dort bewundert werden. Nicht weit vom Museum sind an der Kreuzung Franz Stelzhamer-Straße und Dr. Ing. Josef Stern-Straße Sandsteine der Altlengbach-Formation aufgeschlossen und als Naturdenkmal geschützt.

Pinsdorfichnus abeli (Vialov) aus der Altlengbach-Formation des Pinsdorfberges in der Privatsammlung Nußbaumer (aus Egger, 2009; Länge des Bildausschnitts ca. 1,2 m).

3. Teil

Blick von Südwesten auf die Kalkklippe von Konradsheim nahe Waidhofen/Ybbs. Als Klippen werden isolierte Felsaufragungen bezeichnet, die härter als die umgebenden Gesteine sind und daher von der Erosion freigelegt werden. Der Hügel links im Bild gehört bereits zum Rhenodanubikum.

Das
Helvetikum und
Ultrahelvetikum

Am Rand Europas

Im vorigen Kapitel wurden Gesteine vorgestellt, die in den Tiefen des Penninischen Ozeans entstanden sind, der von der frühen Jura-Zeit bis in die mittlere Eozän-Zeit existierte. Nördlich dieses Ozeans lag der damalige europäische Kontinent, der einen ganz anderen Umriss hatte als das heutige Europa. Über einen untermeerischen Abhang war der Ozeanboden, der in einer Wassertiefe von einigen Tausend Metern lag, mit diesem Kontinent verbunden. Abgerissene Teile des Kontinentalabhangs sind als die sogenannten ultrahelvetischen Decken in den Alpenbau miteinbezogen. Zwischen dem Kontinentalrand und der Küste befand sich ein flaches Schelfmeer, das den Südrand des europäischen Kontinents bedeckte. Von dort stammen die helvetischen Decken, die oft aus fossilreichen Flachwasserablagerungen bestehen. Der Boden des Schelfmeers hatte nach Süden, zum Ozean hin, ein flaches Gefälle.

Vor ca. 100 Millionen Jahren, an der Wende von der frühen zur späten Kreide-Zeit, erreichte der Penninische Ozean seine größte Breite. Das spätere Ablagerungsgebiet der Nördlichen Kalkalpen lag über dem Meeresspiegel und wurde von der Erosion abgetragen (nach R. Blakey, www.deeptimemaps.com).

Das Helvetikum der Säntis-Decke rund um den Sämtisersee bei Appenzell in der Ostschweiz. Blick vom Hohen Kasten nach Südwesten auf die Alpstein-Gruppe. Hinten in der Bildmitte der Altmann (2.435 m) und rechts davon der Säntis (2.502 m). Die Felsregionen bestehen überwiegend aus Kalkgesteinen aus der frühen Kreide-Zeit. Die Säntis-Decke setzt sich in stark reduzierter und landschaftlich viel unspektakulärerer Form nach Osten bis in den Gschliefgraben bei Gmunden in Oberösterreich fort.

Während der Trias-Zeit lag der Bildungsraum der heutigen helvetischen Gesteine direkt nördlich anschließend an den Ablagerungsraum der Gesteine der späteren Nördlichen Kalkalpen. Durch das Aufreißen des Penninischen Ozeans ab der frühen Jura-Zeit wurden beide Gebiete getrennt und entfernten sich voneinander. Der helvetische Ablagerungsraum bildete ab dann den Südrand des damaligen europäischen Kontinents, während der kalkalpine Ablagerungsraum Teil einer kleineren Kontinentalplatte (Adriatische Platte) im Süden des Penninischen Ozeans war.

Helvetische Decken

Helvetikum, schon der Name hat etwas geografisch eindringlich Festgelegtes, und tatsächlich baut diese Einheit in der Schweiz eindrucksvolle Berge auf, wie den 2.502 m hohen Säntis. Das Helvetikum besteht dort aus mehreren Decken, die sich gegen Osten in Vorarlberg fortsetzen. Die Bohrung Au 1 der „Österreichischen Mineralölverwaltung" (ÖMV) bohrte im Tal der Bregenzer Ach 4.300 m tief durch helvetische Decken, ohne deren Unterlagerung zu erreichen. Der Hohe Ifen (2.230 m) an der Staatsgrenze zwischen Österreich und Deutschland ist die höchste Erhebung des Helvetikums in diesen beiden Ländern. Dieser eindrucksvolle Berg mit dem angrenzenden Karstgebiet des Gottesackerplateaus wird aus Schrattenkalk aufgebaut, der in der frühen Kreide-Zeit in einem flachen tropischen Schelfmeer entstand. Die viele hundert Meter mächtigen Karbonatgesteine aus der Jura- und Kreide-Zeit, die das Rückgrat des Helvetikums in der Schweiz und in Vorarlberg formen, verschwinden aber nach Osten hin rasch. Dieses Verschwinden kann damit erklärt werden, dass der helvetische Schelf gegen Osten schmäler wurde und schließlich endete. Die alleröstlichsten Vorkommen von Ablagerungen des helvetischen Schelfmeers sind aus dem Gschliefgraben bei Gmunden bekannt.

In Salzburg und Oberösterreich sind aus der späten Kreide- und Paläozän-Zeit im Helvetikum fast ausschließlich geringmächtige tonreiche Gesteine erhalten, die im Gelände kaum morphologisch hervortreten. Nur harte Kalke und Kalksandsteine aus der frühen Eozän-Zeit bilden dort gelegentlich kleine Felsaufragungen. In diesen kommen neben vielen anderen Fossilien oft massenhaft Gehäuse von Foraminiferen (Kammerlinge) vor.

Vergangenes Leben

Foraminiferen sind einzellige Tiere, die entweder als Plankton in den oberen Wasserschichten des Meeres schweben oder als sogenanntes Benthos (= Bodenfauna) am Meeresboden leben, wo sie von ganz flachen Meeresgebieten bis in mehrere Tausend Meter Wassertiefe vorkommen können. Entsprechend diesen Vorkommen in unterschiedlichsten marinen Lebensräumen ist auch die Formenvielfalt der Foraminiferenschalen, die sich oft erst unter dem Mikroskop enthüllt. Die Gehäuse können aus einer einzelnen kugeligen Kammer bestehen, aus einer langgestreckten Reihe von Kammern, aus zopfförmig angeordneten Kammern, aus spiralig aufgerollten Kammern und anderen Bauplänen mehr. Oft sind die filigranen Gehäuse dieser Mikrotierchen weniger als einen Millimeter groß.

Erstaunlicherweise gibt es aber auch Foraminiferen, deren scheiben- oder linsenförmige Gehäuse Durchmesser von bis zu 16 cm aufweisen können. Solche Großforaminiferen sind keine Seltenheit in den untereozänen Flachwasserablagerungen des Helvetikums, wo sie meist gemeinsam mit zahlreichen fossilen Vertretern anderer Tiergruppen vorkommen. So zählen versteinerte Muscheln, Schnecken, Seeigel und Haifischzähne zu den Glanzstücken vieler Sammlungen helvetischer Fossilien und können auch im Kammerhofmuseum in Gmunden (https://museum.gmunden.at) bewundert werden.

Seeigel und Haie lebten im Lauf der Erdgeschichte immer ausschließlich im Meer und beweisen, dass es sich auch bei diesen helvetischen Gesteinen um Meeresablagerungen handelt. Das ist deshalb wichtig zu betonen, weil zuweilen, beispielsweise am Haunsberg im Salzburgischen, Landwirbeltierfunde gemacht wurden, wie die Panzer großer Landschildkröten oder die Zähne von Tapiren, einer Tiergruppe, die nur in den Tropen lebt. Da es sich dabei um Einzelfunde handelt, die gemeinsam mit den viel zahlreicheren Überresten von Meeresorganismen vorkommen, kann es als sicher gelten, dass diese Landtiere aus angrenzenden Festlandsgebieten eingeschwemmt wurden, wo feucht-heißes Tropenklima herrschte.

Eisenerz

Gemeinsam mit den verschiedenen Fossilien kommen in den untereozänen Gesteinen des Helvetikums auch millimetergroße braune Kügelchen vor. Dabei handelt es sich um das Eisenmineral Limonit. Eisen ist in Wasser löslich, wenn dieses leicht sauer reagiert. Das ist an Land oft der Fall, weil das Regenwasser geringe Mengen Kohlenstoffdioxid (CO_2) enthält, das mit dem Wasser zu Kohlensäure reagiert. Vor allem in feucht-heißen Tropengebieten mit den dort typischen großen Niederschlagsmengen kommt es zu intensiver Verwitterung und zur Lösung von Eisen, das von Flüssen ins Meer transportiert wird. Dort wird das Eisen rasch ausgefällt, da das Meerwasser basisch ist. Die Eisenanreicherungen in den untereozänen Gesteinen des Helvetikums sind so entstanden und wurden an manchen Stellen in Vorarlberg und Bayern früher sogar bergmännisch abgebaut. Die oberösterreichischen Vorkommen waren zu klein für eine solche Nutzung.

Dünnschliff-Foto eines Kalksandsteins mit Großforaminiferen aus dem Eozän der helvetischen Kressenberg-Formation. Die gelbbraunen Farben gehen auf den Eisengehalt des Gesteins zurück. Dünnschliffe sind nur wenige Hundertstel Millimeter dicke Gesteinsplättchen, so dünn, dass sie lichtdurchlässig sind und auf einer Glasplatte montiert im Lichtmikroskop untersucht werden können (aus Egger, 2017).

Das Ultrahelvetikum im Pechgraben bei Großraming in Oberösterreich. Das flache Wiesengelände in der unteren Bildhälfte wird vorwiegend von Buntmergelserie des Ultrahelvetikums aufgebaut. Die höheren Berge im Hintergrund (links der 1.206 m hohe Schieferstein, rechts der 914 m hohe Größtenberg) gehören bereits zu den Nördlichen Kalkalpen.

Klein, aber oho!

Vor 42 Millionen Jahren, mitten in der Eozän-Zeit, fand eine rasche Absenkung des Meeresbodens statt, aus dem später die helvetischen Decken entstanden. Diese Absenkung wurde ausgelöst durch den alpinen Deckenstapel, der sich von Süden her auf den helvetischen Schelf schob und ihn durch sein Gewicht nach unten drückte. In dem jetzt tieferen Meer wurde Mergel abgelagert, also Schlamm, der etwa zur Hälfte aus Tonteilchen bestand, während die andere Hälfte aus den kalkigen Resten von Planktonorganismen aufgebaut wurde. Außer planktonischen Foraminiferen ist darin auch sogenanntes kalkiges Nannoplankton reich vertreten. Dabei handelt es sich um winzige Kalkplättchen (Coccolithen), von denen die größten zwischen zwei und drei hundertstel Millimeter Durchmesser erreichen. Das ist ungefähr der halbe Durchmesser eines menschlichen Kopfhaars! Kein Wunder, dass Coccolithen, die von einzelligen Algen erzeugt werden, die kleinsten Fossilien sind, die es gibt. Da sie aber in ungeheuren Massen in den oberen, vom Sonnenlicht durchschienenen Wasserschichten des Ozeans vorkommen können und von dort nach ihrem Absterben zum Meeresboden sinken, sind diese Winzlinge oft entscheidend am Aufbau von Gesteinen beteiligt. In einem daumennagelgroßen Mergelstück sind bis zu 800 Millionen dieser Kalkplättchen enthalten! Coccolithen sind seit der späten Trias-Zeit bekannt, also seit gut 200 Millionen Jahren, und ihre Erzeuger bilden auch in den heutigen Ozeanen den Beginn der Nahrungskette und erzeugen mehr als die Hälfte des Sauerstoffnachschubs für die Atmosphäre. Ohne diese klitzekleinen Algen gäbe es auch uns nicht. Selbst wenn es abgedroschen klingt, kann man da nur sagen: klein, aber oho!

Ultrahelvetische Decken

Die ältesten Gesteine der ultrahelvetischen Klippenzone sind Sandsteine der Gresten-Formation aus der frühen Jura-Zeit. Das Material, aus dem diese Sandsteine aufgebaut sind, stammt aus der Abtragung des europäischen Kontinents. Die Minerale Quarz und Feldspat wurden von Flüssen herantransportiert und küstennah abgelagert. Entlang der Küste gab es auch Sümpfe, deren Pflanzenmaterial die Grestener Steinkohle bildete. Diese wurde im 19. Jahrhundert an mehreren Stellen für die Hammerwerke in den ober- und niederösterreichischen Voralpen abgebaut, in denen vor allem Sensen, Sicheln und Nägel hergestellt wurden. Die Eisenverarbeitung gab der Eisenwurzen, dem Voralpengebiet zwischen den Städten Steyr und Waidhofen an der Ybbs, ihren Namen.

Kontinentalabhang

Durch das Aufreißen des Penninischen Ozeans entstand als Verbindung zum Helvetischen Schelf ein Kontinentalabhang. Kalkreiche Gesteinsformationen, die über der Gresten-Formation liegen, zeigen eine Vertiefung des Meeres und küstenfernere Ablagerungsräume an, die im Zusammenhang mit der Bildung des Penninischen Ozeans entstanden. In der Jura-Zeit wurde vor allem Kalkschlamm abgelagert und ab der frühen Kreide-Zeit (Albium) fast ausschließlich Mergelschlamm. Die ultrahelvetischen Mergelsteine und Tonsteine werden heute als Gesteinsformation zur sogenannten Buntmergelserie zusammengefasst. Der Name deutet schon auf die verschiedenen Gesteinsfarben hin, die ein Spektrum von schwarz über grau bis zu grün und rot haben. Vor allem die Rotfärbung, die sich oft auch in einer entsprechenden Farbe des die Buntmergelserie überlagernden Bodens widerspiegelt, ist ein auffälliges Merkmal der Buntmergelserie, deren Kalkgehalt ebenfalls von Planktonorganismen herrührt. An manchen Stellen waren in den Kontinentalabhang Rinnen eingeschnitten, durch die sich gröberes Gesteinsmaterial hangabwärts bewegen konnte. Daher können in der Buntmergelserie auch Konglomerate eingeschaltet sein. Ebenfalls vorkommende hausgroße Granitfelsen gehen vermutlich auf untermeerische Felsstürze zurück, die von Steilstufen des Kontinentalhangs abbrachen.

Ab der mittleren Eozän-Zeit, beginnend vor etwa 42 Millionen Jahren, wurde dieser Ablagerungsraum durch Bewegungen der Erdkruste verformt und zerlegt. Die harten Jurakalke stecken daher oft mitten in der weicheren Buntmergelserie und werden dann von der Verwitterung freigelegt. Sie können dann steile Felsen bilden, sogenannte Klippen, die mitten aus einer relativ flachen Wiesenlandschaft markant emporragen. Daher wird dieser Teil des Ultrahelvetikums auch Gresten-Klippenzone genannt. Diese Einheit hat ihr westlichstes Vorkommen im Gschliefgraben und erstreckt sich von hier nach Osten bis Wien.

Dreckwuzeln

Die Helvetischen Decken sind über sogenannte Molasse-Ablagerungen aus der späten Oligozän-Zeit geschoben, werden ihrerseits von den Ultrahelvetischen Decken überschoben und auf diesen liegen die Decken des Rhenodanubikums. Dieser Baustil wird durch die Ergebnisse mehrerer Erdölbohrungen bewiesen. Auch an Verwerfungen kommt das Helvetikum und Ultrahelvetikum manchmal in langgestreckten, schmalen Vorkommen („Streifenfenster“) innerhalb des Rhenodanubikums ans Tageslicht. An diesen Verwerfungen bewegten sich in der Miozän-Zeit Erdkrustenschollen aneinander vorbei. Diese Bewegungen konnten viele Kilometer betragen und brachten helvetische Gesteine aus der Tiefe herauf, ähnlich wie beim Reiben schmutziger Hände Dreckwuzeln entstehen, die sich zwischen den Handflächen bewegen. Die geologischen „Dreckwuzeln“ in den Schlitzfenstern des oberösterreichischen Rhenodanubikums bestehen vor allem aus ultrahelvetischer Buntmergelserie.

Schon sehr kleine Sedimentproben sind ausreichend für die Untersuchung des kalkigen Nannoplanktons, mit dem die Probe zeitlich eingestuft werden kann; In jedem der kleinen Plastiksäckchen sind Abermilliarden von Fossilien. Schon der Schmutz unter den Fingernägeln würde genug Fossilien für eine zeitliche Einstufung einer Gesteinsprobe enthalten.

Der eozäne ultrahelvetische Mergel enthält keine mit freiem Auge sichtbaren Fossilien, besteht aber etwa zur Hälfte aus den kalkigen Resten winziger Meeresbewohner.

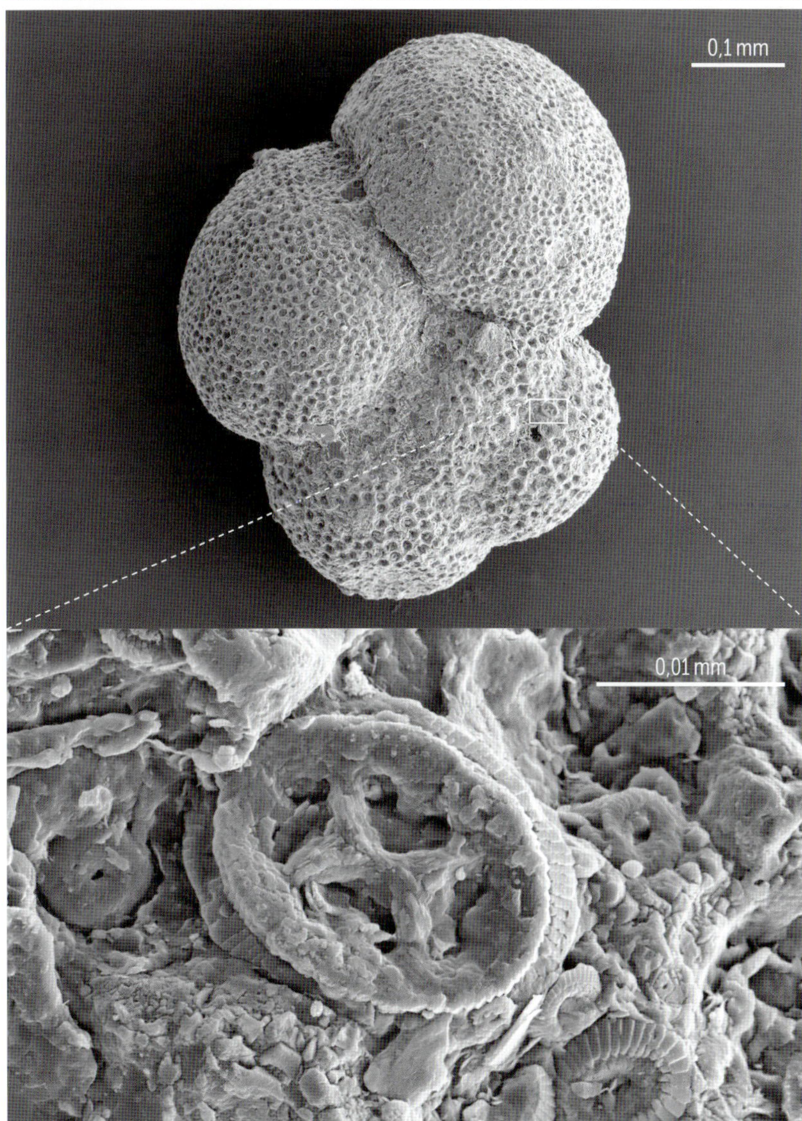

Elektronenmikroskopische Aufnahme einer Foraminifere (*Globigerina hagni*) und von darauf liegenden elliptisch geformten Coccolithen (z.B. der verhältnismäßig große *Chiasmolithus grandis* mit dem Kreuz im Zentrum) aus dem eozänen Mergel. Foraminiferen und Coccolithen lebten als Plankton in den oberen Wasserschichten des Meeres und sanken nach ihrem Tod auf den Meeresboden. Neben den Fossilresten besteht der Mergel aus Tonteilchen, die vom Festland ins Meer gespült wurden (Foto: Fred Rögl, aus Egger & Wessely, 2014).

Her mit der Kohle!

17 Die Steinkohle im Pechgraben bei Großraming

Literatur: Egger & van Husen, 2011; Lipold, 1865; Sachsenhofer, 1987

Es war einmal... So beginnen die meisten Märchen und leider auch die meisten Geschichten, die sich mit dem Bergbau in Österreich beschäftigen. Fast alle unserer Rohstoffvorkommen sind schlichtweg zu klein und zu wenig ergiebig, als dass sich heutzutage ein Abbau noch wirtschaftlich lohnen würde. Auch im Pechgraben ist inzwischen buchstäblich Gras über die Spuren des schon seit Langem aufgelassenen Bergbaus gewachsen, Kohle ist keine mehr zu sehen, trotzdem bietet die zwei- oder vierstündige Wanderung auf dem Kohlelehrpfad (Knappenweg) interessante Ein- und weite Aussichten.

Bis in die Mitte des 19. Jahrhunderts war Holz der wichtigste Werkstoff und Energielieferant. Gewaltige Mengen davon wurden verbraucht, so benötigten allein die Salinen im oberösterreichischen Salzkammergut für ihre Salzproduktion und den Transport des Salzes in Fässern und auf Zillen jährlich etwa 270.000 Raummeter Holz. Mit diesem Bedarf eines einzigen Verbrauchers könnte entlang der heutigen Autobahn zwischen Salzburg und Linz ein durchgehender zwei Meter hoher Holzstapel aus meterlangen Scheiten aufgerichtet werden! Diese Zahlen machen deutlich, warum Holz in der sogenannten guten alten Zeit rasch zur Mangelware werden konnte und Wälder großflächig abgeholzt wurden. Entspannung brachte erst der Bau der Eisenbahn, womit Braun- und Steinkohle das Holz als wichtigsten Brennstoff ablösten, aber auch kleine lokale Kohlevorkommen wurden dankbar als Ersatz für die rare Holzkohle verwendet. Durch die Umstellung auf Kohlebefeuerung nahm die Waldfläche wieder so großräumig zu, wie wir sie aus dem heutigen Landschaftsbild in Mitteleuropa kennen.

Inkohlung

Kohlen sind ganz besondere Sedimentgesteine, denn sie bestehen fast zur Gänze aus den Überresten fossiler Landpflanzen. Solche verrotten an der Luft nach ihrem Absterben meistens ziemlich rasch. Am Boden

Die Gresten-Formation ist nach dem Ort Gresten in Niederösterreich benannt. Typische Fossilien der Begleitgesteine der Grestener Kohleflöze sind Abdrücke von Landpflanzen wie dieser etwa 20 cm lange Farnwedel (*Dictyophyllum* sp.).

Der Eingang (Mundloch) des mittleren Klausriedl-Stollens ist eine der Stationen des Knappenwegs.

Der Knappenweg führt an der markanten Klippe des Höhenbergs vorbei, der aus hellen Oberjurakalken der Blassenstein-Formation besteht, die auch neben dem Knappenweg aufgeschlossen sind. Im Hintergrund sind die bewaldeten Hügel des Rhenodanubikums erkennbar.

sauerstoffarmer Gewässer hingegen ist die Zersetzung der abgestorbenen Pflanzen unvollständig und es bildet sich Torf. Die Torfbildung findet in Sümpfen und Mooren statt und ist der erste Schritt eines Vorgangs, der als Inkohlung bezeichnet wird. Im Verlauf der Inkohlung nimmt der Kohlenstoffgehalt und damit der Energiegehalt (Heizwert) dieser Sedimentgesteine zu. Die Umwandlung von Torf in Braunkohle und schließlich in Steinkohle geschieht, wenn der Torf von immer mächtigeren Sedimenten bedeckt wird und so in immer größere Tiefen versenkt wird, wo viel höhere Druckverhältnisse und Temperaturen als an der Erdoberfläche herrschen.

Im Torf und in der Braunkohle sind Pflanzenteile oft noch erkennbar. Steinkohle dagegen ist meist so stark umgewandelt, dass bis auf wenige Ausnahmen keine Fossilien daraus bekannt geworden sind, obwohl weltweit riesige Mengen solcher hochwertigen Kohlen abgebaut worden sind. Durch die Säuren, vor allem Schwefelsäure, die bei der Kohlebildung entstehen, wurden auch Knochen und Muschel- und Schneckenschalen zerstört. Wenn überhaupt, dann treten Fossilien vor allem in den Begleitgesteinen auf, in denen die Kohleflöze eingebettet sind. Als Flöze werden Lagen mehr oder weniger reiner Kohle bezeichnet, wie sie im Pechgraben maximal einige Dezimeter dick werden. Die Begleitgesteine der Kohle werden dort manchmal auch als Kräuterschiefer bezeichnet, weil in ihnen Pflanzenabdrücke noch deutlich zu erkennen sind.

Steinkohle aus der Jura-Zeit

Die Sümpfe, in denen sich das Pflanzenmaterial ansammelte, aus dem später die Kohle der Gresten-Formation entstand, existierten vor rund 180 Millionen Jahren zu Beginn der Jura-Zeit. Diese Einstufung konnte mithilfe der in den „Kräuterschiefern" reichlich gefundenen Pflanzenfossilien getroffen werden. Die Landpflanzen zeigen, dass das Gebiet damals Festland war. Zwischen den Kohleflözen liegen aber auch Schichten mit Meeresmuscheln und -schnecken. Sie belegen, dass die Kohlesümpfe nahe der Küste lagen und öfters für längere Zeit unter Meeresbedeckung lagen.

Damals begann der Superkontinent Pangäa, in dem über 100 Millionen Jahre lang alle unsere heutigen Kontinente vereinigt waren, auseinanderzubrechen, seine Ränder senkten sich zum Tethys-Ozean hin ab und wurden schließlich von diesem Meer überflutet. Durch die Überdeckung mit marinen Sedimenten wurden die Sumpfböden immer mehr verdichtet und ihr Wasser ausgepresst. Über die Jahrmillionen hinweg entstand so durch den Prozess der Inkohlung schließlich die Steinkohle.

Im Pechgraben wurden zwischen 1832 und 1882 insgesamt 7.500 t Steinkohle abgebaut. Steinkohlen sind hochwertige Kohlen, bei denen mehr als die Hälfte ihres Gewichts aus Kohlenstoff besteht. Bis zu 160 Bergmänner waren an diesem Abbau in verschiedenen Stollenanlagen beschäftigt, die bis zu einen Kilometer lang waren. Verwendung fand die im Pechgraben abgebaute Kohle vor allem in Betrieben der näheren Umgebung, wie dem Sensenwerk in Laussa, der Messingfabrik in Reichraming und dem Hochofen im Wendbach, wo das in einem kleinen Bergbau gewonnene Eisen auch gleich verhüttet wurde. Die in diesen Betrieben eingesetzte Steinkohle ersetzte die dort zuvor verwendete Holzkohle.

Die Blassenstein-Formation aus der späten Jura-Zeit in einem Aufschluss neben dem Kohlelehrpfad.

Knappenweg

Am besten beginnt man die Rundwanderung beim Parkplatz neben dem Buch-Denkmal oder beim Restaurant Rau der Familie Schraml. Von diesem Haus wurde die Verwaltung des Bergbaus in den letzten Jahren seines Betriebs geführt. Ungefähr 200 m folgt man der Pechgrabenstraße nach Süden in Richtung Großraming und biegt dann nach links ab, um auf einer kleinen Brücke den Pechgrabenbach zu überqueren. Das moderne Holzhaus links vom Weg steht auf einer planierten Halde des alten Bergbaus. Die Markierungen des „Knappenwegs“ führen nun bergauf zum nahen Mundloch des mittleren Klausriedl-Stollens und dann weiter zu den nächsten Stationen. Da dort überall Erläuterungstafeln stehen, braucht hier nicht näher darauf eingegangen werden.

Erwähnt sei nur ein großer Aufschluss der Blassenstein-Formation, der sich an der Kurve des Knappenwegs an der Südseite des Höhenbergs befindet. Gegenüber einer Tafel, die über die heilige Barbara informiert, sind die hellen Kalke aus der späten Jura-Zeit zu sehen. Damals waren die Kohlesümpfe schon tief im Untergrund versenkt und an ihrer Stelle hatte sich ein mehrere hundert Meter tiefes Meer gebildet, auf dessen Grund die Gesteine der Blassenstein-Formation abgelagert wurden.

Aufschlüsse und Rollstücke von Sandsteinen der Gresten-Formation können entlang des Knappenwegs am ehesten in einem kleinen Wäldchen, dem Badhofer Schacher, gefunden werden. Dort wurde im Jahr 1836 für den Kohleabbau der Ignazi-Stollen angelegt, auf den ebenfalls eine Informationstafel hinweist. Von dort folgt man der Straße etwa 1 km weit zurück zum Buch-Denkmal (s. S. 100) oder noch ein kleines Stück weiter zum Restaurant Rau.

Wer von Großraming, der nächstgelegenen Bahnstation, nicht zu Fuß in den Pechgraben wandern will, hat die Möglichkeit, kostengünstig ein Wandertaxi zu benutzen (www.nationalparkregion.com/wandern/wandertaxi). Voraussetzung dafür ist mindestens eine Übernachtung in einer Nationalparkgemeinde und die Bestätigung des Beherbergungsbetriebs.

⌖ 47°54′51″N 014°32′15″E – Brücke über den Pechgrabenbach (südlicher Beginn des Kohlelehrpfads)

Verschwundenes Land

18 Der Kornstein bei Scharnstein

Literatur: EGGER & VAN HUSEN, 2007

Der Kornstein ist ein steiler Geländebuckel mitten im Wald und ragt aus einer großen Hangrutschung empor, von der Teile auch auf dem Kornstein liegen. Darunter aber kommen unterjurassische Konglomerate der Gresten-Formation zum Vorschein, deren Gerölle im Waldboden immer wieder zu finden sind. Sie geben Auskunft darüber, wie in der frühen Jura-Zeit der Südteil des damaligen europäischen Kontinents aufgebaut war.

Vor 180 Millionen Jahren waren die Ablagerungsräume der späteren Nördlichen Kalkalpen und des späteren Ultrahelvetikums noch nicht getrennt, da sich der Penninische Ozean zwischen ihnen erst in der mittleren Jura-Zeit öffnete. Allerdings zeigen die Unterjura-Gesteine der Nördlichen Kalkalpen, dass in ihrem Herkunftsgebiet bereits damals beträchtliche Wassertiefen herrschten, während im weiter nördlich anschließenden Ultrahelvetikum, gegen den damaligen europäischen Kontinent hin, die Sedimentation im küstennahen Bereich und am Festland erfolgte.

Geröll

Dieses Festland existierte bereits in der Trias-Zeit, aus der im oberösterreichischen Ultrahelvetikum keine Sedimentgesteine erhalten sind. Der Unterjura des Ultrahelvetikums besteht hier aus der Gresten-Formation, die vermutlich direkt über kristallinen Gesteinen abgelagert wurde. Deswegen bestehen die Gerölle in den Konglomeraten der Gresten-Formation auch ausschließlich aus solchen Gesteinen, unter denen vor allem Granite, Glimmerschiefer und weiße Milchquarze vorkommen. An der Südflanke des Kornsteins

18.1

können solche Gerölle mit Durchmessern von bis zu einem halben Meter gefunden werden. Manchmal sieht man dort auch Blöcke von grobkörnigen Sandsteinen, in denen die Gerölle stecken.

Interessant ist, dass Granite und Glimmerschiefer gemeinsam vorkommen, denn der erste Gesteinstyp zeigt keine spätere Überprägung, während die Glimmerschiefer metamorphe Gesteine sind, die sich unter erhöhten Druck- und Temperaturbedingungen aus tonreichen Sedimenten gebildet haben. Diese Metamorphose fand vor 335 Millionen Jahren statt, wie Isotopenuntersuchungen des Elements Argon aus den Hellglimmermineralen ergaben. Da die Granite keine Überprägung zeigen, kann die granitische Schmelze erst nach dieser Metamorphose in die Erdkruste eingedrungen sein.

Eine Art Atlantis

Aus dem gemeinsamen Vorkommen bestimmter Minerale kann auf die Temperatur geschlossen werden, unter der die Metamorphose erfolgte. Im Fall der Glimmerschiefer am Kornstein lag diese Temperatur unter 550 °C und damit unter dem Temperaturbereich, der für die Überprägung der Gesteine des Mühl- und Waldviertels angenommen wird. Das weniger metamorphe Liefergebiet der Gerölle vom Kornstein schließt im Süden daran an und liegt heute tief unter den alpinen Decken verborgen. Ein paar Gerölle im Waldboden sind die einzigen Hinweise auf die Existenz dieses verschwundenen Lands, eine Art alpines Atlantis, aber viel weniger spekulativ.

18.1 Granitblöcke von bis zu 40 cm Durchmesser im Waldboden.

18.2 Konglomerat der Gresten-Formation.

18.3 Bis 5 cm große Milchquarze leuchten aus dem Schlamm.

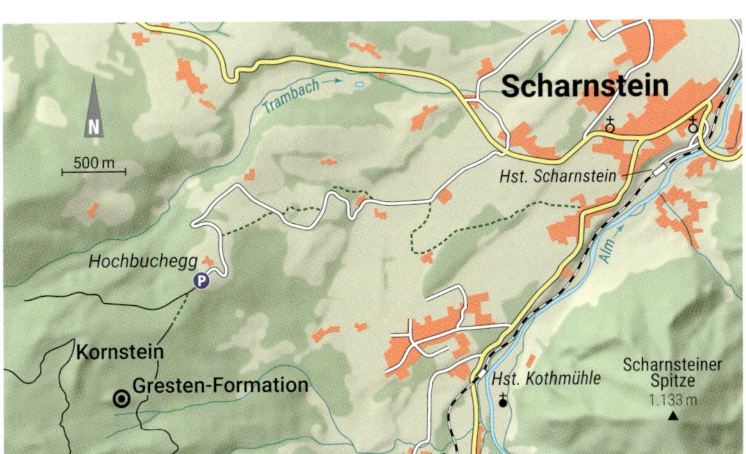

Von der Bahnhaltestelle Scharnstein führt ein markierter Wanderweg zum Laudachsee. Nach dem Gehöft Hochbuchegg, wo sich am Waldrand ein Parkplatz befindet, folgt der Weg zunächst einer Forststraße und biegt dann nach links in einen Steig ein, der bald wieder auf eine Forststraße trifft. Hier verlässt man die Markierung und folgt der Forststraße etwa 700 m nach links bis zu einem Bach. Bachaufwärts liegen die Gerölle im Waldboden.

⌖ 47°53′03″N 013°54′13″E
Blöcke der Gresten-Formation

Hüllenlos

19 Die Klippe von Konradsheim

Literatur: Höck, Ślączka, Gasiński & Bąk, 2005

Eingeklemmt zwischen dem Rhenodanubikum im Norden und den Nördlichen Kalkalpen im Süden bildet die Gresten-Klippenzone einen nur etwa kilometerbreiten Geländestreifen. Diese hat es aber im wahrsten Sinn des Wortes „in sich", denn auf kleinstem Raum kommen hier die unterschiedlichsten Gesteine gemeinsam vor.

Hülle und Kern

Die Bandbreite der Sedimentgesteine der Gresten-Klippenzone reicht vom Unterjura bis in das Eozän, und diese Ablagerungen liegen nicht etwa wohlgeordnet und in schönen Abfolgen vor, sondern sind wild zerlegt, verschoben und teigig miteinander verknetet. Vornehm ausgedrückt ist die Gresten-Klippenzone ein Tohuwabohu, das selbst den schneidigsten Geologen in die Verzweiflung treiben kann. Auch Fälle von Wahnsinn sollen schon vorgekommen sein, aber das sind wahrscheinlich Unterstellungen bösartiger Kollegen.

Das Leitgestein der Gresten-Klippenzone ist die Buntmergelserie, eine Abfolge relativ weicher, tonreicher Gesteine, die oft rot, grün, grau oder schwarz gefärbt sind. Sie wurden auf einem untermeerischen Abhang abgelagert und entstanden daher in unterschiedlichen Wassertiefen. In Niederösterreich ist der Kalkgehalt der Gesteine meist gering oder fehlt ganz, was auf einen Bildungsraum in Wassertiefen um die 3.000 m hindeutet. Genau genommen ist der Name Buntmergelserie hier nichtzutreffend, denn die vorwiegend kalkarmen oder kalkfreien Ablagerungen müssten korrekt als Tonsteine bezeichnet werden. Die

Blick vom Wanderweg nach Westen auf die Konradsheimer Klippe (links).
Die beiden Hügel rechts davon gehören bereits zum Rhenodanubikum.

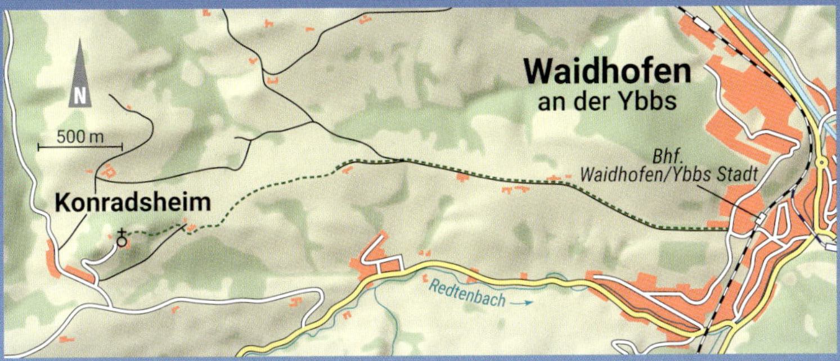

Die Wanderung von der Bahnstation Waidhofen/Stadt bis ins rund 4 km entfernte Konradsheim dauert eine gute Stunde. Sie führt 250 Höhenmeter hinauf über einen Höhenweg mit großartiger Fernsicht.

⌖ 47°57'29"N 014°43'02"E

tonreichen Sedimente entstanden ab der frühen Kreide-Zeit (Albium) und bilden die sogenannte Hülle der eigentlichen Klippen, die auch als Klippenkerne bezeichnet werden.

Die Klippenkerne werden aus im Vergleich zur Buntmergelserie härteren Gesteinen gebildet, die daher relativ langsam von der Erosion abgetragen werden. Sie wittern aus der sie umgebenden weicheren Hülle heraus und überragen als markante Felsen ihre Umgebung. Solche einsam in der Gegend herumstehenden Felsen werden als Klippen bezeichnet. Im Gegensatz zu den Meeresklippen kann man sie nicht umschiffen, das scheitert am Wassermangel, aber nichts spricht dagegen, sie zu umwandern oder gar zu besteigen, was meist einfach zu bewerkstelligen ist.

Verhunzte Aussicht

Eine der schönsten Klippen in Nieder- und Oberösterreich ist zweifelsfrei die Konradsheimer Klippe, die von Waidhofen an der Ybbs auch leicht zu Fuß zu erreichen ist. Nicht nur wegen ihrer die sanfte Voralpenlandschaft dominierenden Form, sondern auch wegen dem hübschen Kirchlein, das auf dem Felsen steht, war diese Klippe lange Zeit ein

19.1

19.2

19.3

Postkartenidyll, das man kitschig finden konnte, hübsch war es trotzdem. Seit dem Jahr 2012 ist diese Ansicht leider durch einen Neubau verschandelt, der vor die Kirche gesetzt wurde.

Geröllawinen

An der Zufahrtsstraße und gleich hinter der Kirche ist das Gestein der Konradsheimer Klippe hervorragend aufgeschlossen. Es ist eine Brekzie aus grauen und bis zu faustgroßen Kalktrümmern, die dicht an dicht gelagert sind. Zwischen einzelnen Bänken dieses Konradsheimer Brekzienkalks sind manchmal dünnere feinkörnigere Kalklagen zu sehen, manchmal auch dünne Tonlagen. Diese enthalten an der Straßenkehre Mikrofossilien aus der frühen Kreide-Zeit, dem Valanginium. Die Ablagerung des Brekzienkalks begann aber schon in der späten Jura-Zeit (Kimmeridgium). Er entstand aus Geröllawinen, die sich den Meereshang hinunterbewegten.

19.1 Gleich neben der Wallfahrtskirche St. Nikolaus und dem Gasthaus Seisenbacher steht im Zentrum von Konradsheim der Brekzienkalk an. Weitere gute Aufschlüsse befinden sich entlang der Zufahrtsstraße zum Ort.

19.2 Konradsheimer Brekzienkalk

19.3 Die Schneerose oder Schwarze Nieswurz (*Helleborus niger*) liebt kalkhaltigen Boden und gedeiht daher prächtig auf der Konradsheimer Klippe.

19.4 Vom höchsten Punkt der Kalkklippe geht der Blick nach Süden über die Kirchturmspitze bis zu den Nördlichen Kalkalpen.

19.4

Fensterln im Almtal

20 Die Buntmergelserie bei Viechtwang

Literatur: Rögl & Langegger, 1982; Egger & van Husen, 2007; Wagreich et al., 2008

Das Fensterln war lange Zeit ein wichtiger Teil alpiner Erotik. Es ist ganz einfach: Nächtens klopft ein junger Mann behutsam an das Fenster seiner Angebeteten und wenn er Glück hat, wird er eingelassen. Den Rest kann man sich ja denken. Auch geologisch Interessierte, Männer wie Frauen, klopfen im Almtal gelegentlich an ein Fenster, ungestüm benützen sie dazu gleich den Hammer, denn das Ziel ihres Begehrens ist kein Techtelmechtel oder Gspusi, sondern die farbenfrohe Buntmergelserie aus der Kreide-Zeit.

Schönheit ist sie keine, die Buntmergelserie, eher ein grauslicher Gatsch. Aber auch hier gilt, dass Äußerlichkeiten nicht zählen, verlegen wir uns also auf die inneren Werte. So gesehen ist die Buntmergelserie im Greisenbach ein Mergel, also ein Gestein, das gut zur Hälfte aus Kalziumkarbonat besteht. Wie in der Einleitung zum Helvetikum bereits besprochen wurde, geht dieser Kalkanteil zum überwiegenden Teil auf die klitzekleinen Überreste abgestorbener mariner Einzeller zurück.

Die zweite Hälfte des Mergels besteht aus Tonmineralen. Als „Tonfraktion" werden von den Geologen Gesteinspartikel bezeichnet, die kleiner als 0,002 mm sind. Diese feinkörnige Fracht, die von Flüssen oder dem Wind von Landgebieten ins Meer transportiert wird, stammt zum Großteil aus der Abtragung von Böden, deren Entstehung eng mit den klimatischen Verhältnissen an Land im Zusammenhang steht. Das Mineral Smektit, der wichtigste Bestandteil der Tonfraktion der Buntmergelserie, entsteht an Land vor allem in subtropischen bis gemäßigten Klimazonen.

Dunkel gefärbte Buntmergelserie aus der frühen Kreide-Zeit (Albium) im Einschnitt des Greisenbachs.

Ein Schreckgespenst

Smektit ist ein Schreckgespenst für alle Baustellengeologen, denn er hat die unangenehme Eigenschaft, große Mengen Wasser aufnehmen zu können. Dadurch kann er bis zum Doppelten seines ursprünglichen Volumens aufquellen, wodurch das Gestein zerfällt und zu einer breiigen Masse wird. Deswegen sind Gesteine mit hohem Smektitgehalt sehr anfällig für Hangrutschungen und machen auf Baustellen besondere Sicherheitsvorkehrungen notwendig. So wird beim Graben eines Tunnels in solchen Gesteinen möglichst schnell Spritzbeton aufgebracht, um etwaigen Wasserzutritt zu verhindern.

Ein Alb-Traum für Schwarzseher

Die ältesten Buntmergelablagerungen stammen aus dem Albium, einem Abschnitt der frühen Kreide-Zeit. Um zum derzeit wahrscheinlich besten Aufschluss des Albiums in der Buntmergelserie überhaupt zu kommen, gehen wir nach der Ankunft an der Bahnhaltestelle Viechtwang nach rechts, überqueren eine kleine Brücke und folgen dann der Straße bergauf in Richtung Hagenmühle. Nach etwa einer halben Stunde erreichen wir die Häuser von „Im Fleck", an denen wir vorbeigehen. Nach dem letzten Haus zweigt eine asphaltierte Straße nach links ab und überquert den Bach über eine Brücke. Wir gehen aber nicht hinüber, sondern folgen einem Karrenweg bachaufwärts, wo nach etwa hundert Metern im Bachbett Gesteine des mittleren Albiums traumhaft schön aufgeschlossen sind, sozusagen ein wahrer Alb(ium)-Traum.

Die Buntmergelserie des Albiums ist vor allem mittel- bis dunkelgrau gefärbt. Oft zeigen die grauen Mergel auffällige dunklere Flecken. Diese Flecken sind Wühlgänge, die bald nach der Ablagerung des Mergels von Würmern und anderen Bewohnern des Meeresbodens angelegt wurden. Diese Lebewesen hatten keine Hartteile, die sich fossil hätten erhalten können. Ihre Existenz ist nur durch die von ihnen hinterlassenen Spuren belegt. Diese Spurenfossilien zeigen, dass damals, vor rund 110 Millionen Jahren, am Meeresgrund genug Sauerstoff und Nahrung für eine reiche Bodenfauna vorhanden war. Diese Nahrung waren abgestorbene Pflanzen, Tiere und Exkremente, die aus den oberen Wasserschichten des Meeres herunterregneten.

Der Tisch der Meeresbodenbewohner war zur Zeit des Albiums offenbar reich gedeckt. Darauf deutet neben der intensiven Durchwühlung des Mergels auch seine dunkle Farbe hin. Diese ist das Ergebnis eines erhöhten Anteils von organischem Kohlenstoff im Gestein, von dem in der dunkelgrauen Buntmergelserie rund ein Gewichtsprozent enthalten

Die regelmäßig verkehrenden Züge von Wels nach Grünau im Almtal halten an der Haltestelle Viechtwang. Von dort ist es eine etwa zweistündige Wanderung bis in den Rehkogelgraben.

⌖ 47°55'45"N 013°57'25"E – Aufschluss Greisenbach
⌖ 47°56'04"N 013°55'28"E – Aufschluss Rehkogelgraben

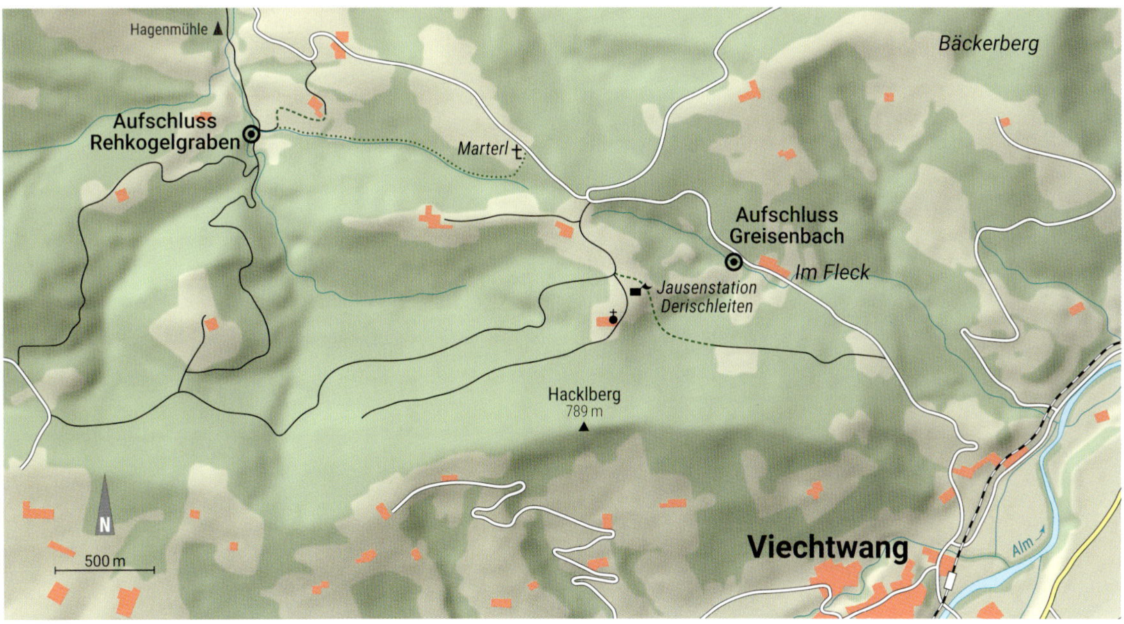

ist. Er stammt vor allem von abgestorbenen Planktonorganismen, die nach ihrem Tod auf den Meeresboden sanken und dort nicht vollständig aufgefuttert wurden. Ihre sterblichen Überreste wurden ziemlich rasch mit Sediment bedeckt, was sie auch vor schneller Verwesung schützte. Dadurch kommen Grau- und Schwarzseher im Greisenbach auf ihre Kosten.

Geologie in Rot-Weiß-Rot

Wer eher zum Rotsehen denn zum Schwarzsehen neigt, sollte sich weiter in den Rehkogelgraben begeben. Dazu gehen wir von „Im Fleck" auf der Straße in Richtung Hagenmühle weiter. Bei einer Kreuzung geht es nach rechts zum Bäckerberg, nach links zur Jausenstation Derischleiten und zum Buddhistischen Zentrum Gomde. Wir stellen uns derrisch (= taub), widerstehen allen leiblichen und geistigen Verlockungen und gehen stur gerade weiter Richtung Hagenmühle. Noch ein kurzes Stück, dann erinnert ein Kreuz am linken Wegrand an Pater Bonifaz Mayr, der hier im Jahr 1891 erst 27-jährig einem Jagdunfall zum Opfer fiel. Die Bank hinter dem Marterl bietet eine hübsche Aussicht hinüber zum Traunstein in den Nördlichen Kalkalpen.

Es hängt vom Wagemut der Exkursionisten ab, ob sie vom Marterl weglos am Waldrand hinunter zum Bach gehen und diesem bis zu seiner Mündung folgen wollen oder lieber einen Umweg in Kauf nehmen und auf der Straße weiter bis zum Rehkogelgraben marschieren, um diesem dann auf der Straße nach links bachaufwärts zu folgen. In jedem Fall landen die Fensterlgeher beim Haus Hagenmühle Nr. 53, aber die Begehrte wartet nicht hinter einem Fenster dieses Hauses, sondern jenseits der Straße, im Bach. Dort ist die Buntmergelserie auf das Reizendste entblößt und freigelegt.

Am besten gehen wir am Haus vorbei noch ein Stückchen auf der Straße neben dem Bach weiter. Bei einem kleinen Holzlagerplatz kommen wir bequem hinunter zum Bach und sehen am gegenüberliegenden Ufer elefantengraue Mergel, die aus dem Albium stammen. Sie grenzen bachabwärts mit einer steilen Verwerfung an eine Gesteinsabfolge, in der weiße härtere Kalkmergelbänke mit weicheren hellroten Mergellagen regelmäßig abwechseln. Diese rot-weiß-rote Abfolge wurde im Santonium vor rund 85 Millionen Jahren gebildet.

Die roten und weißen Farben zeigen, dass das Gestein kaum organischen Kohlenstoff enthält. Rot

Fleckenmergel aus der frühen Kreide-Zeit im Bacheinschnitt des Greisenbachs. Die dunklen Flecken sind Anschnitte von Gängen, die bodenwühlende Tiefseeorganismen vor etwa 110 Millionen Jahren gegraben haben.

Regelmäßige Wechsellagerung von etwa 85 Millionen Jahre alten roten Mergel- und weißen Kalkmergellagen im Rehkogelgraben.

bedeutet überdies, dass im Gestein fein verteilte eisenhältige Minerale am Meeresboden „verrostet" sind, wofür Sauerstoff verantwortlich ist. Offenbar war das Wasser am Meeresboden zur Zeit des Santoniums sauerstoffreicher als im Albium, sodass die massenhaft anfallenden abgestorbenen Planktonorganismen verwesen konnten und nur ihre kalkigen Überreste im Sediment zurückblieben. Die abwechselnd roten und weißen Gesteinslagen deuten auf regelmäßige Änderungen der Ablagerungsbedingungen hin. Diese könnten durch periodische Änderungen der Position der Erdachse hervorgerufen worden sein, die in Zyklen von 26.000 und 41.000 Jahren auftreten.

Komplizierte Verhältnisse

Die Buntmergelserie im Greisenbach und im Rehkogelgraben wurde auf einem mehr oder weniger ebenen Meeresboden abgelagert. Heute sind die Mergellagen des Ultrahelvetikums steilgestellt, die Sandsteine des umgebenden Rhenodanubikums sind dagegen nur flach gegen Süden geneigt. Das zeigt, dass auf beide Einheiten unterschiedliche gebirgsbildende Kräfte gewirkt haben. Die Buntmergelserie lag eigentlich unter dem Rhenodanubikum, wurde aber an einer großen Verwerfung, an der sich zwei Erdkrustenschollen aneinander vorbeibewegten, hochgequetscht und liegt daher heute als schmaler Streifen („Streifenfenster") mitten im Rhenodanubikum.

21

Exotik pur

Das Buch-Denkmal im Pechgraben bei Großraming

Literatur: Egger & van Husen, 2011; Hauer & Hoernes, 1858; Schlüsslmayr, 1996; Widder, 1986

Um es gleich vorwegzunehmen: Das Buch-Denkmal im Pechgraben ist keine Pilgerstätte für Leseratten und Bücherfreunde, sondern ein Monument für einen der bedeutendsten Geologen des 19. Jahrhunderts. Die Inschrift zu Ehren Leopold von Buchs wurde im Jahr 1858 auf einem acht Meter hohen Granitblock angebracht, der als Exot inmitten von Sedimentgesteinen vorkommt.

Leopold von Buch um das Jahr 1850 (aus Werckmeister, 1898).

Der Pechgraben mündet bei Großraming von Norden in das Ennstal ein. Das Buch-Denkmal liegt ca. 5 km nördlich von Großraming. Wer von Großraming, der nächstgelegenen Bahnstation, nicht zu Fuß in den Pechgraben wandern will, hat die Möglichkeit, kostengünstig ein Wandertaxi zu benutzen (www.nationalparkregion.com/wandern/wandertaxi). Voraussetzung dafür ist mindestens eine Übernachtung in einer Nationalparkgemeinde und die Bestätigung des Beherbergungsbetriebs.

⌖ 47°55′08″N 014°32′25″E

Nun aber der Reihe nach: Der preußische Adelige Leopold von Buch (1774–1853) war in beneidenswerter Weise nicht darauf angewiesen, seinen Lebensunterhalt durch lästige Erwerbsarbeit zu verdienen. Hinreichend vermögend, konnte er sich ganz seinen Leidenschaften und Interessen hingeben. Wer jetzt an Wein, Weib und Gesang denkt, liegt völlig falsch. Leopold von Buch war kein Hallodri, sondern führte ein eher bescheidenes, vielleicht sogar asketisches Leben, in dem die Geologie die Hauptrolle spielte. Als strammer Marschierer durchwanderte er große Teile Europas und war damit einer der Ersten, der einen

Das Buch-Denkmal im Jahr seiner Widmung (aus Hauer & Hoernes, 1858).

Überblick über den geologischen Aufbau des Kontinents bekam. Ein Glanzstück seiner Arbeiten und eine wahre Pionierleistung ist die erste geologische Karte von Deutschland aus dem Jahr 1826. Wieso aber setzte man diesem Säulenheiligen der Geologie ausgerechnet im einsam gelegenen Pechgraben ein Denkmal und nicht auf irgendeinem hübschen Stadtplatz?

Mysteriöse Felsen

Die Antwort lautet, dass das Denkmal eigentlich schon da war, eine geologische Besonderheit ersten Ranges, und nur mehr beschriftet werden musste. Erst ungefähr 10 Jahre vor der Widmung zum Denkmal waren Geologen auf die etwa 20 Granitblöcke (eigentlich handelt es sich um Granodiorit, ein dem Granit sehr nah verwandtes Gestein) aufmerksam geworden, die in einem kleinen Wäldchen verstreut liegen. Auch wenn die Bewohner des Pechgrabens früher sicher den einen oder anderen Granitblock davongeschleppt haben, wesentlich mehr Blöcke werden auch ursprünglich nicht vorhanden gewesen sein.

Granite und ihre Verwandten gehören zu den plutonischen Gesteinen, die bei der langsamen Abkühlung und Erstarrung eines Magmas in der oberen Erdkruste entstehen. Gelangt das Magma bis an die Erdoberfläche, nennt man es Lava, und die daraus entstehenden Gesteine werden als Vulkanite bezeichnet. Plutonite und Vulkanite bilden die Gruppe der magmatischen Gesteine. Daneben gibt es als zweite Gruppe die Sedimentgesteine, die an der Erdoberfläche in einer Vielzahl verschiedener Ablagerungsräume sowohl im Meer als auch an Land entstanden sind. Die dritte Gruppe sind die metamorphen Gesteine, die entstehen, wenn magmatische Gesteine oder Sedimentgesteine unter mehreren Kilometern Gesteinsüberlagerung hohem Druck und hoher Temperatur ausgesetzt sind und dabei Mineralumwandlungen entstehen.

Das Besondere des Vorkommens von magmatischen Gesteinen im Pechgraben ist, dass sie in einer sonst von Sedimentgesteinen aufgebauten Umgebung auftreten. Mit der Entdeckung dieser Granite, begann daher auch das Rätselraten, wie es diese Exoten in den Pechgraben verschlagen hat.

Felssturz am Meeresboden

Zunächst wurde vermutet, dass im Pechgraben der Granit direkt unter den Sedimentgesteinen in größerer Verbreitung vorkommt. Durch Erdölbohrungen und andere Untersuchungen ist inzwischen aber klar, dass Granite in diesem Abschnitt der Alpen erst 3.000 m tief unter der Oberfläche auftreten. Das Buch-Denkmal kann nicht wie eine Nadelspitze aus dieser Tiefe emporragen.

In einem anderen Erklärungsversuch wurde vermutet, dass Eiszeitgletscher den Granit aus Süden, also aus den Zentralalpen, herangeschafft hätten. Das Buch-Denkmal wurde also als großer Findlingsblock interpretiert. Inzwischen sind die Eiszeitablagerungen der Ostalpen sehr gut erfasst und daher weiß man, dass es während der Eiszeit im Pechgraben keine Gletscher gab – damit musste auch diese Theorie fallengelassen werden.

Als nächstes wurden Bewegungen der Erdkruste bemüht, durch die der Granit vom Untergrund losgerissen und an die Erdoberfläche transportiert worden sein sollte. In diesem Fall müssten aber Bewegungsflächen erkennbar sein, an denen unterschiedliche Gesteine aufeinandertreffen. Stattdessen zeigten Aufgrabungen rund um die Granitblöcke, dass diese komplett in eozänem Mergel stecken. Dieser Mergel, ein Gemisch von Ton und Kalk, wurde in rund tausend Metern Meerestiefe vor rund 50 Millionen Jahren abgelagert.

Aus dieser letzten Beobachtung ergibt sich die aktuelle Interpretation des Granitvorkommens, nach der es sich bei den Blöcken um einen eozänen Felssturz handeln soll, allerdings einen Felssturz, der sich von einem untermeerischen Hang löste. Dort brachen Teile einer Felswand ab und kollerten anschließend den Abhang hinunter, solange, bis sie im weichen Mergelschlamm steckenblieben. Kurz, die Granitblöcke des Buch-Denkmals sind Teile eines Felssturzes, der sich vor rund 50 Millionen Jahren am Meeresgrund ereignete.

Typisch für den Granit des Buch-Denkmals sind rosafarbenen Kalifeldspäte.

Auf dem Weg zum Denkmal überquert man einen kleinen Bacheinschnitt, in dem rote Buntmergelserie aus dem Campanium aufgeschlossen ist.

Die Widmung ist in den größten Granitblock gemeißelt, neben dem noch etwa 20 kleinere Blöcke liegen.

Feldspat, Quarz und Glimmer

Der Granit selbst ist aber natürlich viel älter als der Felssturz. Physikalische Altersbestimmungen ergaben, dass der Buch-Denkmal-Granit vor rund 370 Millionen Jahren entstand, als ein Magma soweit abgekühlt war, dass es zu einem festen, körnigen Gestein auskristallisierte. Der alte Merkspruch „Feldspat, Quarz und Glimmer, die vergess ich nimmer“ zählt die wesentlichen Mineralbestandteile eines granitischen Gesteins auf. Die Feldspäte können in zwei Gruppen unterteilt werden, von denen die eine Kalium, die andere Kalzium enthält. Die auffallend rosafarbenen Mineralkörner am Buch-Denkmal sind Kalifeldspäte, während die kalziumführenden Feldspäte (Plagioklase) grau gefärbt sind. Die dunklen Körner des Gesteins sind vorwiegend die Glimmerblättchen, sogenannte Biotite. Die restlichen Körner bestehen aus glasig glänzendem Quarz. Das Herkunftsgebiet des Buch-Denkmal-Granits und kleinerer Vorkommen ähnlicher Gesteine in Niederösterreich und Bayern liegt heute tief unter dem Alpenkörper verborgen.

Moosiger Kraftplatz

Die Granitblöcke, die wie einsame Inseln im Wald liegen, sind nicht nur für geologisch interessierte Besucher attraktiv, sondern auch für Botaniker. Die Blöcke sind der Lebensraum von Pflanzenarten, die es sonst in der weiteren Umgebung nicht gibt, weil die meisten von ihnen nur auf silikatischem Gestein wachsen können. Es sind vor allem Moose, die hier mit rund hundert Arten vorkommen, und die das Buch-Denkmal zu einem wichtigen Biotop machen.

Als ob es nicht schon genug wäre, dass das Buch-Denkmal wissenschaftshistorisches Monument und geologisches und botanisches Naturdenkmal in einem ist, wird es von spirituell Interessierten auch noch als Kraftort in Anspruch genommen. Wer aber für diese Art mystischer Stärkung nicht empfänglich ist, dem wird als bodenständigerer Kraftplatz das nahe Restaurant Rau („Steigerwirt“) der Familie Schraml empfohlen, wo die Lebensgeister durch die Gaumenfreuden einer ausgezeichneten Küche in jedem Fall geweckt werden.

4. Teil

Der heutige Almsee wurde durch einen Bergsturz aufgestaut, der vor 13.500 Jahren vom Toten Gebirge abging. Damals reichte der See, der in einem vom letzten Eiszeitgletscher ausgeschürften Becken lag, fast bis Grünau. Dieses Becken wurde durch den Bergsturz geteilt, der dabei eine Flutwelle auslöste. Diese verfüllte das äußere Becken mit einer großen Menge Lockermaterial.

Quartärzeitliche Ablagerungen und Geländeformen

Coole Zeiten

Jeder der ersten drei Teile dieses Buches beschäftigt sich mit einer bestimmten Baueinheit der Ostalpen. Diese Einheiten stammen jeweils aus einem eigenen Ablagerungsraum und haben ihre eigene „bewegte" Geschichte. Vor etwa 20 Millionen Jahren endeten die Deckenbewegungen und die heutigen Ostalpen fingen an sich langsam zu heben und zu einem Gebirge emporzuwachsen. Damit beginnt die gemeinsame Geschichte der Bauteile der Alpen. Ablagerungen aus den Anfängen dieser Zeit sind in den Alpen und Voralpen kaum erhalten, da mit der Hebung auch die Abtragung einsetzte. Zu ausgedehnten Sedimentanhäufungen kommt es erst wieder in der Quartär-Zeit, die vor 2,6 Millionen Jahren begann. Gletscher lagerten damals Moränen ab, Flüsse mächtige Schotterkörper und der Wind häufte Staub und feinen Sand zu mehr oder weniger dicken Lagen von Löß auf. In der Quartär-Zeit entstanden die meisten Formen der gegenwärtigen Landschaft.

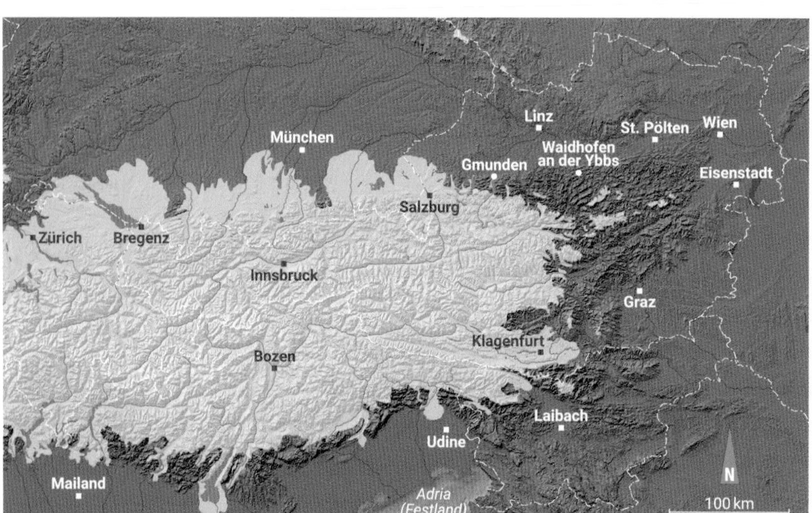

Die Ausdehnung der Gletscher in den Ostalpen vor etwa 25.000 Jahren, am Höhepunkt der letzten Eiszeit. Durch die in den Eisschilden gebundenen riesigen Wassermengen, lag der Meeresspiegel damals 130 m tiefer als heute, wodurch die nördliche Adria trockengefallen war (nach van Husen, 1987).

Der Tagliamento in Oberitalien (hier in der Umgebung von Carnia im Friaul) ist einer der letzten nicht regulierten Alpenflüsse. Seine stark verzweigte Flusslandschaft ist typisch für Flüsse, die ein relativ starkes Gefälle aufweisen und sehr viel Kies mit sich führen. Die weite von ihm aufgeschüttete Schotterebene gibt eine gute Vorstellung davon, wie die Tallandschaften in Oberösterreich einst aussahen.

Im Großteil der Zeit, mit der sich dieses Buch beschäftigt, also in den letzten 260 Jahrmillionen Erdgeschichte, herrschte weltweit ein wesentlich wärmeres Klima als heute. In diesen Warmzeiten gab es auf der Erde keine oder höchstens kleine Vorkommen von Inlandeis. Erst vor rund 34 Millionen Jahren, im Oligozän, begann die Erde abzukühlen und die Eismassen der Antarktis fingen an sich zu entwickeln. Viel später setzte mit der Vergletscherung Grönlands der Eisaufbau auch in den nördlichen Polargebieten ein.

Die weitesten Gletschervorstöße begannen vor 2,6 Millionen Jahren. Daher wird mit dieser Zeitmarke der Beginn der Quartär-Zeit angesetzt, deren älterer Abschnitt als Pleistozän bezeichnet wird. Wer Pleistozän hört, denkt meist gleich an Eiszeit. Dabei ist dieser Zeitabschnitt in erster Linie durch den ausgeprägten Wechsel zwischen kälteren und wärmeren Episoden gekennzeichnet. Die mittlere Jahrestemperatur schwankte zwischen Werten, die etwa 10 °C tiefer lagen als heute und Werten, die mitunter sogar über der heutigen Durchschnittstemperatur lagen.

Aus den letzten 800.000 Jahren der klimatisch abwechslungsreichen Pleistozän-Zeit sind in den Alpen vier große Gletschervorstöße bekannt, die nach Flüssen im bayerischen Alpenvorland benannt sind. Die älteste dieser Kaltzeiten war das Günz, dann folgen Mindel, Riß und Würm. Es könnte vor dem Günz auch noch andere große Vereisungen gegeben haben, da aber durch jeden neuen Vorstoß viele Hinterlassenschaften früherer Vereisungen beseitigt wurden, ist es schwierig diese Geschichte zu rekonstruieren. Am besten erhalten sind natürlich die Spuren der Würm-Kaltzeit, deren Gletscher ihre größte Ausdehnung zwischen 26.000 und 20.000 Jahren vor heute hatten.

Lange Gletscherzungen

Der ehemalige Rand einer Gletscherzunge kann durch die Lage der Endmoränen bestimmt werden. Endmoränen sind nichts anderes als langgestreckte Schutthaufen, die das Außenende des Gletschers nachzeichnen. Sie entstehen, wenn der Gletscherrand längere Zeit ortsfest ist und so der mitgeführte Schutt durch das Abschmelzen des Eises angehäuft wird.

Im westlichen Teil der Ostalpen reichten die Gletscherzungen der Würm-Kaltzeit weit hinaus ins Alpenvorland. Der Außenrand des Salzach-Gletschers lag rund 40 km nördlich der heutigen Stadt Salzburg,

Die Stadt Steyr liegt auf verschiedenen quartärzeitlichen Schotterterrassen. Der Tabor (rechts im Hintergrund) befindet sich auf der sogenannten Hochterrasse, die rund 40 m über dem heutigen Flussniveau liegt. Diese Terrasse ist ein Rest der Talfüllung, die während des Höhepunkts (ca. 170.000 bis 140.000 Jahre vor heute) der Riß-Kaltzeit von den Flüssen Enns und Steyr abgelagert wurde. In den ersten Jahrtausenden nach diesem Hochglazial folgte eine Zeit rascher Klimaerwärmung, in der sich die Flüsse in die Talfüllung einschnitten. Während des Hochglazials (ca. 40.000 bis 20.000 Jahre vor heute) der Würm-Kaltzeit kam es erneut zur Ablagerung von

dagegen erreichten die längsten Gletscherzungen in Oberösterreich gerade noch den Alpennordrand, wie die Endmoränen des Traun-Gletschers bei Gmunden bezeugen. Noch weiter östlich endeten die Gletscher der Würm-Eiszeit innerhalb der Alpen, wo ihnen schon bei Windischgarsten oder im Gesäuse die Luft oder, besser gesagt, das Eis ausging. Der Grund für die abnehmende Größe der ostalpinen Gletscher von Westen nach Osten war die unterschiedliche Höhe des Gebirges. Der östlichste Teil der Alpen ist weniger hoch, daher waren die Flächen, auf denen sich ausgedehnte Eismassen bilden konnten, relativ klein. Diese Gebiete, die den Eisnachschub für die Gletscherzungen lieferten, werden Nährgebiete genannt.

Weite Schotterterrassen

Der vom Gletscher mitgeführte Schutt wurde aber nicht nur in Moränen abgelagert, sondern, wenn während der wärmeren Jahreszeit große Mengen Schmelzwasser anfielen, von den Gletscherbächen hinaus in das Vorland des Gletschers verfrachtet. Bei diesem Transport wurden die eckigen Gesteinstrümmer gerundet und nach Größe sortiert.

Mit den großen Geröllmengen war die Transportkraft der Flüsse und Bäche oft überfordert, so dass die mitgeführte Geröllfracht in Schotterbänken wieder abgelagert wurde. Dadurch wurden die Talböden auf weiter Fläche aufgeschottert, denn die Flüsse bestanden aus zahlreichen sich verzweigenden und wieder zusammenfließenden Gerinnen, die häufig ihre Position änderten. Diese „verwilderten“ Flüsse schütteten in den Hauptzeiten der alpinen Vergletscherung im Alpenvorland weite Schotterebenen auf. Aktive Schotterebenen zeigen heute in den Alpen nur mehr der Lech in Tirol und der Tagliamento in Norditalien. Die anderen Alpenflüsse wurden reguliert und in kanalartige Betten gezwängt.

In den wärmeren Episoden war die aus den Alpen stammende Geröllfracht der Flüsse viel geringer als während der Höhepunkte der Vereisung. Die Transportkraft des Wassers war daher groß genug, um

Grundmoräne aus der Riß-Kaltzeit in der Nähe von Schlierbach (Kremstal). Die Grundmoräne besteht aus Material, das unter dem Gletschereis transportiert und durch dessen enormes Gewicht stark zusammengepresst wurde.

Schottern und Sanden. Der Rest dieser Talfüllung heißt Niederterrasse und liegt im Stadtgebiet von Steyr etwa 20 m über dem heutigen Flussniveau. Auf der Niederterrasse stehen z.B. die gotische Stadtpfarrkirche (ganz links) und das riesige Schloss Lamberg. Der Stadtplatz und der Ennskai liegen nur wenige Meter über dem Flussniveau, auf dem sogenannten Hochflutfeld, das auch heutzutage bei Hochwasser regelmäßig überschwemmt wird.

die vorher angehäuften Schottermassen wieder teilweise abzutragen. Die Flüsse schnitten sich in die Schotterflächen ein und es entstanden Geländestufen, sogenannte Erosionskanten. Beim nächsten Vorstoß der Gletscher begann wieder die Aufschotterung, die allerdings nicht das vorherige Niveau erreichte. Dadurch bildete sich in vielen Tälern und im Alpenvorland eine Terrassenlandschaft mit treppenartig angeordneten Stufen. Die höchste Terrasse ist der Rest der Schotterebene, die am Höhepunkt der ältesten Vergletscherung aufgeschüttet worden war, während der Schotter der untersten Terrasse in der jüngsten Eiszeit entstanden ist.

Im Ybbs-, Enns-, Steyr- und Trauntal ist die quartäre Terrassenlandschaft gut erhalten. Aus der Reihe tanzt das Kremstal, wo zwischen Micheldorf und Kremsmünster eigenartigerweise keine Terrassen bestehen, obwohl solche im benachbarten Steyrtal eindrucksvoll entwickelt sind. Trotz ihrer räumlichen Nähe haben die beiden Täler offenbar in der Würm-Zeit eine völlig unterschiedliche Ausgestaltung erfahren. Der Grund dafür ist, dass das Schmelzwasser der Gletscherzunge, die in der Würm-Zeit bei Windischgarsten endete, durch das Steyrtal abfloss, wodurch sich dort mächtige Schotterkörper bildeten. Das Kremstal war dagegen zu dieser Zeit mit keinem Gletscher in Verbindung. Deswegen haben sich dort die Spuren älterer Vereisungen erhalten können, vor allem die Moränen aus der Riß-Eiszeit, zu deren Höhepunkt die Gletscherzunge bis Kremsmünster reichte.

Der Mensch erscheint im Pleistozän

Eine Erzählung des Schriftstellers Max Frisch hat den Titel „Der Mensch erscheint im Holozän“. Ohne hier in die künstlerische Freiheit eingreifen zu wollen, muss aber in einem Buch zum Thema „Erdgeschichte“ darauf hingewiesen werden, dass dieser Titel nicht den Tatsachen entspricht. Der moderne Mensch erschien im Pleistozän, und zwar vor etwa 300.000 Jahren in Afrika. Gleichzeitig mit diesem *Homo sapiens* – ziemlich arrogant bezeichnen wir uns ja selbst als „weise“ – lebten auch noch lange die Neandertaler. Diese euro-asiatische Frühmenschenart, die vom *Homo sapiens* allmählich verdrängt wurde, hinterließ die ältesten Hinweise auf die Existenz von Menschen auf dem Gebiet des heutigen Oberösterreich. Es sind Steinwerkzeuge mit einem Alter zwischen 65.000 und 40.000 Jahren, die in der Ramesch-Höhle gefunden wurden. Die Höhle liegt in der Warscheneck-Gruppe in fast 2.000 m Höhe. Das zeigt, dass damals, in der mittleren Würm-Zeit, das Klima wärmer war als heute und die Baumgrenze höher lag, sonst wären die altsteinzeitlichen Oberösterreicher kaum zu einem Jagdausflug in die Berge aufgebrochen. Die Werkzeuge fand man gemeinsam mit einer großen Menge Knochen des Höhlenbären (*Ursus spelaeus*), eines heute ausgestorbenen Verwandten des Braunbären. Die riesigen Höhlenbären, ausgewachsen waren sie dreieinhalb Meter lang, und die Neandertaler verschwanden aus den Alpen vor ungefähr 40.000 Jahren, als eine neuerliche Klimaabkühlung den vorerst

letzten großen Gletschervorstoß einleitete. Etwa vor 20.000 Jahren begannen diese Gletscher rasch abzuschmelzen und schon vor 18.000 Jahren waren die Täler eisfrei. Die Erwärmung am Ende des Pleistozäns ist die größte klimatische Veränderung, mit der die Menschheit bisher konfrontiert war.

Good bye Traunsee!

In den Außenbereichen ehemaliger Gletscherzungen blieben oft tiefe, vom Gletscher ausgeschürfte Wannen zurück, in denen sich Seen bildeten. Der von Flüssen und Bächen mitgeführte Schlamm und Sand wird in diesen Seebecken abgelagert und verfüllt sie allmählich. So reichte beispielsweise der Traunsee mit einem schmalen Fjord ungefähr acht Kilometer weiter nach Süden, dieser Teil wurde aber durch die von der Traun angelieferten Sedimente zu einer Talebene aufgefüllt. Dieses Verfüllen des Sees geht auch heute noch weiter, und wird bei gleichbleibender Größenordnung dazu führen, dass der Traunsee in etwa 40.000 Jahren völlig verschwunden sein wird.

Zusätzlich zum von den Fließgewässern angelieferten Schlamm landen auch Erdrutsche in den Seen. Die Gletschererosion hatte Täler mit breiten Böden und steilen Flanken erzeugt. Nach dem Abschmelzen des Eises fehlte den Talhängen das Widerlager aus Gletschereis und sie gerieten in Bewegung. Ein besonders markanter Hangrutsch befindet sich im Gebiet des Gschliefgrabens südöstlich von Gmunden, durch den im 16. Jahrhundert unter anderem ein ganzes Bauernhaus im Traunsee verschwand. Die Gefahr ist also seit Hunderten Jahren bekannt, wie ja schon aus dem Namen „Gschlief“ hervorgeht, der sich aus dem Wort „schliefen“ ableitet, das nichts anderes als „rutschen“ bedeutet. Trotzdem errichtete man bis in die jüngere Vergangenheit im Rutschgebiet Häuser, die bei der vorerst letzten Bewegung des Gschliefs im Jahr 2007 erwartungsgemäß in Mitleidenschaft gezogen wurden.

Blick vom Gmundnerberg auf das Ostufer des bis zu 191 m tiefen Traunsees. Trotz seiner Größe und Ausdehnung wird er in ungefähr 40.000 Jahren vollständig mit Sedimenten aufgefüllt sein, die von den Zuflüssen herangeschafft werden. Der wuchtige Felsklotz des Traunsteins (1.691 m) wird aus mitteltriassischem Wettersteinkalk aufgebaut, der bewaldete Grünberg (984 m) daneben aus Oberkreidesandsteinen des Rhenodanubikums. An der Grenze zwischen Nördlichen Kalkalpen und Rhenodanubikum befindet sich die Hangrutschung des Gschliefgrabens, in der Gesteine des Helvetikums und Ultrahelvetikums zu Tage kommen.

Bereits vor dem großen Schadensereignis im Jahr 2007/2008 geriet im Jahr 2006 ein Teil des Areals des Gschliefgrabens bei Gmunden in Bewegung. Die vorher aufrecht stehenden Bäume wurden dadurch in verschiedene Richtungen geneigt, eine Erscheinung, die anschaulich als „betrunkener Wald" bezeichnet wird.

Ein Tsunami im Wolfgangsee

In Seebecken hineinrutschende Hänge können der Auslöser von noch ganz anderen Gefahren sein, wie einem Protokoll des Gendarmeriepostens St. Gilgen vom 7. April 1907 zu entnehmen ist:

Gegen 7 Uhr Nachmittag rutschte in der Nähe des Gasthauses „Lueg", beim Kilometerstein 30 der Grazer Reichsstraße von dem steilen Abhange eine ganze Waldparzelle 400 m hoch und 300 m breit ab und riss einen tiefer liegenden Felskopf mit sich. Die gewaltigen Stein-, Erd- und Holzmassen stürzten mit großem Getöse in den Wolfgangsee. Durch den riesigen Druck wurde der See am gegenüberliegenden Ufer bei Fürberg beiläufig 210 m über das Ufer hinausgetrieben. Beim Rückschlag des Sees stieg eine Welle ca. 8 m hoch über das steile Ufer empor, stürzte sich über Bahnstrecke und Reichsstraße und gegen den Gasthof „Lueg". Durch die abgestürzten Gesteinsmassen wurde die Reichsstraße auf einer Länge von 100 m ganz in den See gerissen und eine 400 m lange Strecke des Bahnkörpers stark beschädigt. Außerdem wurden die Badehütten bei Lueg durch den Rückprall des Sees fast ganz zerstört.

Für derartige Flutwellen hat sich weltweit der japanische Begriff „Tsunami" („Große Welle im Hafen") eingebürgert. Tsunamis entstehen durch plötzliche Massenverlagerungen in einem See oder im Meer. Außer Rutschungen und Bergstürzen werden derartige Wellen oft von Erdbeben ausgelöst, wenn diese im Zusammenhang mit starken vertikalen Bewegungen des Gewässerbodens stehen.

Erdbeben in Molln

Große Erdbeben, bei denen es an der Erdoberfläche zu Geländesprüngen von mehreren Metern kommt, sind in Österreich derzeit mehr als unwahrscheinlich. Gerade Oberösterreich ist im Hinblick auf Erdbeben ein sehr ruhiges Gebiet. Trotzdem kann es manchmal auch hier ordentlich wackeln, wie das Erdbeben von Molln zeigt, dass sich im Jänner 1967 ereignete und das bisher einzige Beben in Oberösterreich war, bei dem in historischer Zeit so schwere Gebäudeschäden entstanden, dass bei einigen Häusern Einsturzgefahr bestand. Auch Felsstürze wurden durch das Beben ausgelöst. In den Jahren nach 1967 gab es mehrmals wieder Erdbeben in Molln, vorerst letztmalig im Jahr 2012. Sie zeigen, dass hier die Erdkruste in einigen Kilometern Tiefe noch immer nicht zur Ruhe gekommen ist.

Südöstlich von Molln hat die Steyr eine etwa 400 m lange steilwandige Schlucht in obertriassischen Hauptdolomit angelegt. Dieser Steyr-Durchbruch ist eine sogenannte epigenetische Talstrecke. Sie entstand nachdem die Steyr nach dem Ende der letzten Kaltzeit die zuvor aufgeschüttete Niederterrasse durchschnitten hatte und unter den Lockersedimenten auf den harten Dolomit traf. Da der Fluss in der bereits entstandenen Rinne nicht ausweichen konnte, begann er die Felsschwelle zu erodieren. Blick vom Aussichtspunkt an der Straße (B140) zwischen Molln und Klaus, an dem auch der Steyrtal-Radweg vorbeiführt.

22

Die Schwerkraft gewinnt immer

Der Bergsturz bei Grünau

Literatur: ABELE, 1970; EGGER & VAN HUSEN, 2007; VAN HUSEN, IVY-OCHS & ALFIMOV, 2007

Es wird wohl ordentlich gerumpelt und gestaubt haben, als vor 13.500 Jahren 500 Millionen Kubikmeter Fels vom Toten Gebirge hinunter ins Almtal donnerten. Damals gab es noch einen kleinen Gletscher hinten in der Hetzau, und der Almsee war größer als heute.

Wer von Grünau aus dem Almtal weiter nach Süden folgt, kommt ab der Heckenau immer wieder an eigenartigen, bis zu 5 m hohen Hügeln vorbei, die im Wald vereinzelt neben der Straße stehen. Der erste Eindruck ist, dass diese Haufen nicht natürlich entstanden sind. Romantisch Veranlagte denken vielleicht gleich an Grabhügel, in denen neben alten Knochen auch noch jede Menge Preziosen auf den glücklichen Entdecker warten. Hat aber keinen Sinn jetzt den Spaten zu packen und loszurennen. Denn der erste Eindruck täuscht. Menschen haben bei der Entstehung der Hügel nicht ihre Hand im Spiel gehabt, sondern die Hügel sind Zeugen eines wilden und spektakulären Naturschauspiels.

Toma-Landschaft

Je weiter man im Almtal nach Süden fährt, desto häufiger und höher werden die kryptischen Hügel. Beim Hotel „Jagersimmerl", dessen Restaurant leider nur mehr für Hotelgäste in Betrieb ist, bilden sie schon eine richtige Hügellandschaft. Diese zieht sich quer über das Almtal nach Osten hinein in die Hetzau, wo auch die beiden Ödseen zwischen solchen Hügeln liegen. Ist so ein Hügel angeschnitten, sieht man, dass er zur Gänze aus eckigem Gesteinsschutt unterschiedlichster Größe besteht. Meist handelt es sich bei diesen Trümmern um obertriassischen Dachsteinkalk, dessen nächste Vorkommen aber erst ganz hinten im Talschluss der Hetzau zu finden sind,

Mehrmals täglich fährt vom Bahnhof Grünau im Almtal ein Autobus zum Almsee. Von der Haltestelle Habernau (Jagersimmerl) führt eine 6 km lange Fahrstraße durch den Bergsturz bis zum Almtaler Haus. Von der Straße zweigt der markierte Wanderweg zu den Ödseen ab.

⌖ 47°46′42″N 013°57′42″E – Hotel „Jagersimmerl"

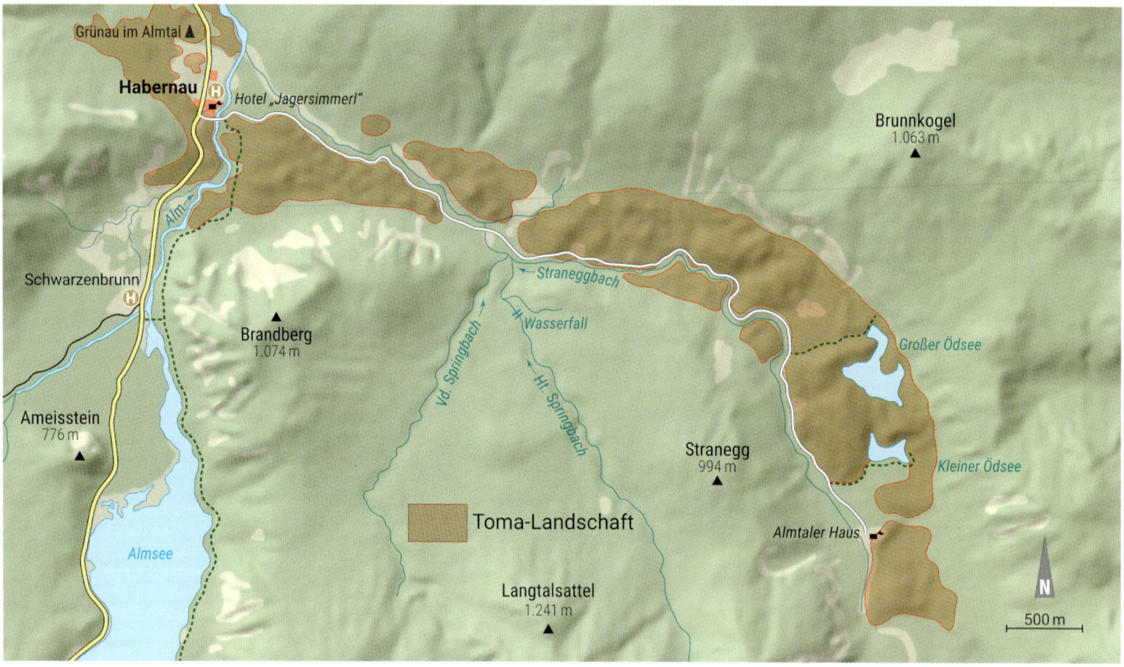

Ein angeschnittener Toma-Hügel bei der Alm-Brücke gleich östlich vom Hotel „Jagersimmerl" gibt Einblick in das Bergsturzmaterial, das sich aus groben und feinen eckigen Komponenten zusammensetzt.

an den oberen Steilabbrüchen des Toten Gebirges. Offensichtlich ist von dort ein großer Bergsturz hinunter in die Hetzau gestürzt, als dort noch ein kleiner Rest des Almtal-Gletschers lag, der zum Höhepunkt der letzten Vereisung bis hinaus nach Scharnstein reichte. Über die Oberfläche des Gletschers in der hinteren Hetzau donnerte das Bergsturzmaterial durch das Tal hinaus und blieb zum größten Teil in der schon eisfreien äußeren Hetzau liegen, wo es die Hügellandschaft bildet. Ein Hügel aus Bergsturzmaterial wird von den Geografen als „Toma" bezeichnet, entsprechend kann man von der äußeren Hetzau als Toma-Landschaft sprechen.

Knödelsuppe

Beim „Jagersimmerl" befand sich damals ein See, in den die Bergsturzmasse hineinraste. Dabei erzeugte sie eine Flutwelle, die in das Almtal hinausschoss und dabei jede Menge Gesteinsmaterial mitriss. Dadurch wurde das Almtal bis zu fünfzehn Meter hoch aufgeschottert. In diesem Schotter stecken auch hausgroße Brocken, die aus feinkörnigen Lockersedimenten bestehen. Damit sie ohne zu zerbröckeln transportiert werden konnten, mussten sie zum Zeitpunkt des Bergsturzes durchgefroren sein. Der Bergsturz fand daher vermutlich im Winter statt. Die zusammengefrorenen Trümmer bewegten sich in der Flutwelle – so hat es ein poetischer und offenbar hungriger Quartärgeologe formuliert – wie die Knödel in einer Suppe. Solche, inzwischen aufgetaute, Eisknödel bilden die Hügel bei der Heckenau, die in der großen Schottergrube dort angeschnitten waren. In dieser Schottergrube stand auch die 5.209 m tiefe Bohrung Grünau der OMV-AG. Sie traf unter dem von der Flutwelle deponierten Lockermaterial auf die feinkörnigen Ablagerungen des Sees, der damals den Boden des Almtals bedeckte und durch den Schotter weitgehend verfüllt wurde. Nur taleinwärts vom „Jagersimmerl" ist bis heute der Almsee erhalten, der durch den natürlichen Damm des Bergsturzmaterials aufgestaut wurde.

22.1

22.2

Bewegte Berge

Der Bergsturz im Almtal ist kein Einzelfall. Die letzten großen Eiszeitgletscher ließen nach ihrem Abschmelzen viele sehr steile, instabile Talflanken zurück, die leicht in Bewegung geraten konnten, entweder als Hangrutschungen oder als Fels- oder Bergstürze. Die Unterscheidung letzterer ist eine Frage der Dimension. Ab einem Volumen von mindestens einer Million Kubikmeter Gestein spricht man von einem Bergsturz. Wenn so eine Masse mit einer Geschwindigkeit von mehr als 100 km pro Stunde bergab donnert, wird durch das Aneinanderstoßen der Felsblöcke das Bergsturzmaterial weiter zerlegt und zum Teil in feines Gesteinsmehl zerrieben. Das Gesamtvolumen des Almtaler Bergsturzes beläuft sich auf rund 500 Millionen Kubikmeter, das sind rund 1,3 Milliarden Tonnen Kalkstein! Das ist eine ganz ordentliche Menge, vor allem wenn man sie mit der Jahresproduktion von Kalkstein in Österreich vergleicht. Diese betrug im Jahr 2018 etwa 6,5 Millionen Tonnen, also nur ein halbes Prozent der Bergsturzmasse.

Der Almtaler Bergsturz hat beeindruckende Dimensionen, ist aber keiner von den Giganten. Unter diesen regiert unangefochten der Bergsturz von Flims im Vorderrheintal in der Schweiz, der zwanzigmal so groß ist wie der Almtaler Bergsturz. Vor knapp 10.000 Jahren gerieten dort zehn Milliarden Kubikmeter Gestein in Bewegung, die sich nicht nur zum größten Bergsturz der Alpen, sondern ganz Europas entwickelten.

Eine vom Bergsturz ausgelöste Flutwelle schwappte durch das Almtal und schotterte dieses 10 m hoch auf. Mitten im feinkörnigem Schotter steckt ein „Knödel" ebenfalls feinkörnigen Materials. Dieser konnte so nur in gefrorenem Zustand transportiert werden.

22.1 Der abgeholzte Hügel im Vordergrund gehört zur Toma-Landschaft nordwestlich vom Hotel „Jagersimmerl". Im Hintergrund ist das Spitzplaneck (1.617 m) in der Kasberg-Gruppe zu sehen, dessen Gipfelregion aus Mitteltriaskalken aufgebaut wird.

22.2 Die grünen Hügel am Großen Ödsee bestehen aus Bergsturzmaterial, das aus Dachsteinkalkblöcken besteht. Diese Blöcke stammen aus dem Büchsenkar, das im Hintergrund in der Bildmitte erkennbar ist. Es liegt zwischen dem 2.396 m hohen Schermberg (links) und dem Östlichen Hochplattenkogel (2.154 m).

Fallstudie

23 Der Traunfall bei Roitham

Literatur: Federspiel, 1992; Schadler, 1959

So ändern sich die Zeiten: Der zwölf Meter hohe Wasserfall der Traun, heute ein beliebtes Ausflugsziel, war vorher mehr als ein halbes Jahrtausend lang ein Ärgernis. Er machte die durchgehende Schifffahrt auf der äußeren Traun unmöglich und damit den reibungslosen Transport des Hallstätter Salzes zur Donau und weiter nach Linz und Wien. Ist ja auch zu blöd, so ein Wasserfall mitten in der Ebene!

Blick von der Traunbrücke auf die Wasserfallstufe.

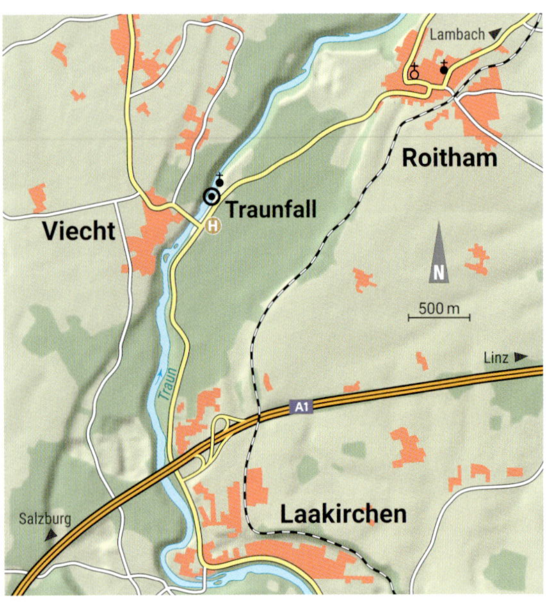

Nach ihrem Austritt aus dem Traunsee fließt die Traun zunächst zwischen den Endmoränenwällen, die während der letzten Eiszeit der Traun-Gletscher an seiner Stirn aufgeschüttet hat. Etwa 14 km flussabwärts von diesem Seeausfluss fällt die Traun über eine Geländestufe in die Tiefe, die in dieser ebenen Gegend niemand vermuten würde. Der Wasserfall war ein Haupthindernis für die Schifffahrt und musste auf dem Landweg umgangen werden. Vermutlich schon im 14. Jahrhundert erschienen aber Techniker auf der Bildfläche und überlegten, wie sie die Geländestufe austricksen könnten. Schließlich bauten sie eine gut 400 m lange hölzerne Umfahrungsrinne, auf der die Salzschiffe am Wasserfall vorbeirauschten. Es waren Zillen mit geringem Tiefgang, auf denen das Salz in Fässern transportiert wurde, um es vor Nässe zu schützen.

Zum letzten Mal fuhr so eine Zille im Jahr 1911 die Traun hinunter. Aber schon vorher war der Salztransport zum Großteil mit der Eisenbahn erfolgt. Bereits ab 1837 beförderte eine Pferdeeisenbahn das Salz von Gmunden über Linz bis Budweis in Böhmen und brachte die Salzschifffahrt auf der unteren Traun fast ganz zum Erliegen. Der Todesstoß für jede Art von Schifffahrt auf der Traun war im Jahr 1923 die Errichtung des Kraftwerks Siebenbrunn, das nur wenig flussaufwärts vom Wasserfall liegt und über keine Floßgasse verfügt. Was mittelalterliche Technik einst ermöglichte, ist so durch neuzeitliche Technik wieder rückgängig gemacht worden.

Vom Bahnhof Lambach fährt die Buslinie 505 (Richtung Gmunden) zum Traunfall (oebb.at). Die Haltestelle liegt am östlichen Flussufer direkt bei der Traunbrücke südlich von Roitham, schräg gegenüber befindet sich ein Besucherparkplatz. Zum Traunfall führt ein markierter Rundwanderweg über die Brücke.

⌖ **48°00'52"N 013°47'53"E – Traunbrücke**

Blick vom Holzsteg, über den der Wanderweg vom Traunfall zurück zur Traunbrücke führt.

Knackige Gerölle

In der letzten Eiszeit hatte die Traun ihren Ursprung bei Gmunden, wo sie als Schmelzwasserfluss aus dem riesigen Traunsee-Gletscher hervortrat. Aus dem Eis aperte eine große Menge Lockermaterial aus, das aus dem Einzugsgebiet des Gletschers stammte, das zur Gänze in den Nördlichen Kalkalpen lag. Wurden diese meist eckigen Geschiebe des Gletschers vom Fluss weiterverfrachtet, wurden ihre Ecken abgerundet. Je weiter die Kalkstücke transportiert wurden, desto perfekter sind ihre Rundungen und desto besser ist auch die Größensortierung dieser Gerölle. Liebhaber knackiger Rundungen können die Gerölle beim Abstieg zum Traunfall neben dem Weg hingebungsvoll in Augenschein nehmen. Die Gerölle wurden von der Traun 14 km weit transportiert. Das ist nicht übermäßig weit, daher ist ihre Rundung noch nicht sehr perfekt und es kommen Gerölle unterschiedlichster Größe nebeneinander vor.

Aufgeschüttet hat die Traun diesen Schotter, der als Niederterrasse bezeichnet wird, ungefähr zwischen 30.000 und 20.000 Jahren vor heute. Danach zog sich der Gletscher zurück, das Becken, das er ausgeschürft hatte, füllte sich mit Wasser und wurde zum Traunsee. Dieser nahm nun alle von Flüssen und Bächen angelieferten Sedimente auf, wodurch die Traun flussabwärts von Gmunden vom Sedimentnachschub abgeschnitten war. Das erhöhte die Erosionskraft des Flusses, der begann, die vorher von ihm aufgeschütteten Schotter abzutragen und sein Bett dabei tiefer zu legen.

Schlier und Mist

Die beste Aussicht auf den Traunfall bietet der Holzsteg, der gleich flussabwärts vom Fall über den Fluss führt. Unter dem Konglomerat ist im Flussbett ein geschichtetes tonreiches Sedimentgestein zu sehen, das zur Vöckla-Formation gehört. Diese Ablagerungen wurden vor rund 18 Jahrmillionen in der frühen Miozän-Zeit in einem Meer gebildet, in das durch Flüsse der Abtragungsschutt der im Süden aufsteigenden Alpen gebracht wurde. Molasse werden diese Ablagerungen mit einem Überbegriff bezeichnet. Für die feinkörnigen Molassesedimente ist in Oberösterreich aber auch immer noch die lokale Bezeichnung „Schlier“ gebräuchlich, denn dieser hatte auch eine praktische Bedeutung. So hatte früher im Alpenvorland fast jeder Bauer seine Schlier-Grube. Dort wurde das weiche Gestein abgebaut, den Winter über liegengelassen, damit es durch die Frosteinwirkung zu einem lockeren Sediment zerfiel, und dann als Mineraldünger auf die Felder gebracht. Noch wirkungsvoller war der Dünger, wenn der Schlier in Gruben, sogenannten „Rötzen", einige Zeit mit Stallmist bedeckt wurde. Das dabei entstehende Gemisch enthielt neben Kalk und anderen Mineralen auch reichlich organischen Dünger wie Phosphate und Nitrate.

Was der Fall ist

Schöner Mist! Jetzt sind wir abgeschweift, wissen alles über das Düngen im Alpenvorland, aber noch immer nicht, wieso es diesen Wasserfall bei Roitham gibt. Dabei ist es ganz einfach: der Schlier ist viel leichter abzutragen als das Konglomerat. Sobald sich der Fluss durch das Konglomerat geschnitten hat, kann er den darunterliegenden Schlier leicht auskolken und wegspülen. Dadurch wird das Konglomerat unterhöhlt, bricht nach, und rumms, schon ist der Wasserfall oder zumindest ein Teil davon wieder ein Stück flussaufwärts gewandert. Dieses Wandern einer Wasserfallstufe entgegen der Fließrichtung des Gewässers nennen die Geografen „rückschreitende Erosion". Langsam, aber stetig, würde so der Traunfall weiter flussaufwärts wandern und irgendwann bei Gmunden ankommen, wenn nicht auch heutzutage der größte Teil des Wassers in einer Rinne am Fall vorbeigeleitet würde, um die Turbinen eines weiter flussabwärts gelegenen Kraftwerks anzutreiben.

Sollte der Traunfall in ferner Zukunft aber dennoch einmal bis Gmunden wandern, dann würde dadurch der Seeausfluss schlagartig tiefergelegt und der Seespiegel würde sich um 12 m absenken, so als hätte jemand den Stöpsel aus der Wanne gezogen, die der Gletscher aus dem Gestein geschürft hat. Das Strandbad in Gmunden wäre dann kein Strandbad mehr, sondern gute zweihundert Meter vom See entfernt. Es könnte aber auch sein, dass der Traunsee bis dahin ohnehin mit dem Gesteinsmaterial, das Flüsse und Bäche ständig in ihn schütten, aufgefüllt wurde. In ungefähr 40.000 Jahren wird es soweit sein, und dann muss das Strandbad ohnehin zusperren. Aber bis dahin rinnt noch viel Wasser die Traun hinunter!

23.1

23.2

23.1 Verkitteter Schotter (Konglomerat), den die Traun während der letzten Eiszeit abgesetzt hat. Die Gerölle sind schlecht sortiert, d.h. unterschiedlichste Größen kommen nebeneinander vor. Dem Einzugsgebiet der Traun entsprechend, stammen alle Gerölle aus den Nördlichen Kalkalpen.

23.2 Direkt unter dem Konglomerat der Wasserfallstufe sind im Flussbett feinkörnige geschichtete Molasse-Sedimente zu sehen.

23.3 Die Traun hat imposante Felsskulpturen aus dem Konglomerat modelliert.

23.3

24 Gähnender Schlund
Das Windloch bei St. Ulrich

Literatur: Pavuza, 2012; Thaler, 1978

Das Windloch am Damberg verdankt seinen Namen dem stetigen Luftzug, der durch die Höhle weht. Er beweist, dass es einen zweiten, noch unbekannten Höhleneingang geben muss. Die Erforschung des Windlochs ist also noch nicht abgeschlossen, dabei ist es, soweit wir heute wissen, nicht einmal 100 m lang und nur 37 m tief. Eher mickrig dieses Loch, trotzdem die größte Höhle des gesamten Rhenodanubikums!

Eigentlich würde man ja erwarten, dass ein mindestens dreiköpfiger Höllenhund das Windloch bewacht, immerhin sollen hier sagenhafte Raubritterschätze versteckt sein. Doch die Glücksritter, die von der Aussicht auf schnellen Reichtum angelockt worden waren, zogen immer ohne Gold und Juwelen wieder ab. Im besten Fall fanden sie nichts, im schlechtesten die halbverweste Leiche eines Selbstmörders. Über diesen grausigen Fund berichtete das „Salzburger Volksblatt" am 14. Mai 1936.

Steinritzungen

Auch ohne Höllenhunde und Leichengrusel lädt die enge und dreckige Höhle nicht zum Herumkriechen ein. Die am Höhlenboden liegenden Felsbrocken sprechen eine deutliche Sprache und warnen vor der Steinschlaggefahr, die vom aufgelockerten Fels des Höhlendachs ausgeht. Aber der Reiz ins Unbekannte vorzustoßen, war immer schon groß, und viele konnten ihm nicht widerstehen. Das beweisen die zahlreichen in den Fels geritzten Namen, Initialen und Jahreszahlen, mit denen sich die Besucher verewigt haben. Die ältesten dieser Steinritzungen stammen immerhin aus dem 16. Jahrhundert. Gleich am Höhleneingang sieht man auch Gravierungen, diese sind allerdings jüngeren Datums.

Der Fels am Höhleneingang ist auch aus einem anderen Grund interessant, denn im Gegensatz zu fast

Der Eingang des Windlochs im Sandstein der Altlengbach-Formation.

Blick aus dem Windloch hinaus auf den herbstlichen Buchenwald des Dambergs.

Steinritzungen am Höhleneingang.

allen anderen der 16.000 bisher in Österreich entdeckten Höhlen, ist das Windloch nicht in einem verkarsteten Kalkstein angelegt, sondern in einem Sandstein der Altlengbach-Formation. Dieses Gestein aus der späten Kreide-Zeit wurde vor rund 75 Millionen Jahren am Boden eines Tausende Meter tiefen Meeres abgelagert und baut heute den ganzen Kammbereich des langgezogenen Dambergrückens auf. Direkt am Höhleneingang sind die dicken, nach Süden geneigten Sandsteinbänke am besten zu sehen. Es ist der gleiche Sandstein wie er bei Waidhofen (s.S. 70) für die Erzeugung von Mühlsteinen abgebaut wurde.

Hart auf weich

Warum aber gibt es ausgerechnet am Damberg diese ungewöhnliche Sandsteinhöhle? Die Antwort auf diese Frage ist vermutlich in der großen Hangrutschung zu suchen, die den Westabhang des Dambergs hinunter zur Enns bewegte. Diese Rutschung liegt eigentlich nördlich des an und für sich standfesten Sandsteins, aber durch das Wegrutschen seiner Unterlagerung, die aus weichen tonreichen Gesteinen besteht, geriet auch der harte Sandstein in Bewegung. Das Aufreißen von Spalten und Felsstürze waren die Folge. Das Windloch ist so eine Zerrspalte und kann daher als Spaltenhöhle bezeichnet werden.

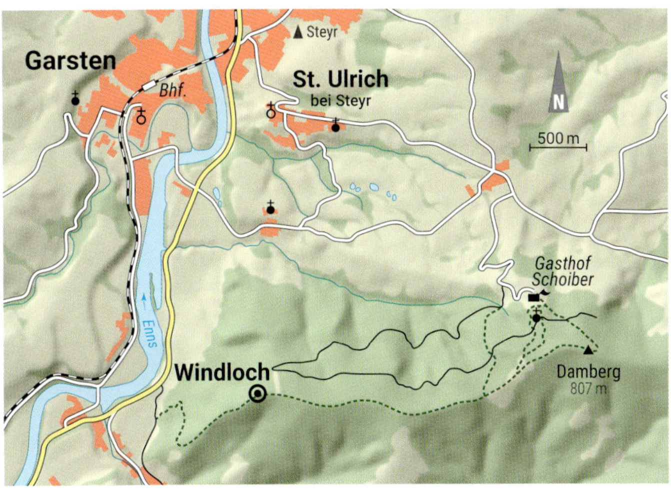

Von den Bahnhöfen Steyr und Garsten führen Wanderwege am Wirtshaus Schoiber vorbei zur Aussichtswarte auf den Damberg. Von dort gelangt man über einen markierten Weg zum Windloch. Der Hin- und Rückweg summiert sich auf rund 20 km.

⌖ 48°00'01"N 014°25'17"E

Unterwegs zum Windloch durch den Herbstwald des Dambergrückens. Kaum zu glauben, dass hier irgendwo ein Stein zu finden ist, geschweige denn ein ganzer Aufschluss in anstehendem Fels.

Wasserkraft

25 Die Rinnerberger Klamm bei Leonstein

Literatur: Bauer, 1953

Mit dem Wasser des Heindlbachs wurden Mühlräder, Brettersägen, Schmiedehämmer, Schleifsteine und Blasbälge betrieben. Die Kraft des Wassers formte aber auch die Landschaft, wie eindrücklich an den unterschiedlichen Talformen zu sehen ist, die der Rinnerberger Bach, ein kleiner Seitenarm des Heindlbachs, in den trias- und jurazeitlichen Kalk eingeschnitten hat.

Vom Schloss Leonstein folgt man dem Weg zunächst hinunter zum Heindlbach und dann bachaufwärts weiter bis zur Schmiedleithen, dem am besten erhaltenen Hammerwerk in Oberösterreich. Nicht von ungefähr heißt der Weg „Auf den Spuren der Schwarzen Grafen", denn als solche wurden die Besitzer solcher Sensenschmieden bezeichnet. Man versteht diesen Titel sofort, wenn man zum Herrenhaus kommt, das herrschaftlich inmitten eines Gartens thront. Das Herrenhaus ist nur eines von zwanzig Gebäuden hier, die eigentlich für sich ein kleines Dorf bilden, in dem bereits im 16. Jahrhundert Sensen hergestellt wurden. Im Jahr 1964 wurde die Produktion eingestellt, weil immer mehr Bauern ihre Wiesen und Getreidefelder statt mit der Sense weniger beschwerlich mit einer Mähmaschine umlegten.

Zerrüttetes Gestein

Aus den bewaldeten Berghängen nördlich und südlich von Schmiedleithen leuchten weiße Felswände aus mitteltriassischem Wettersteinkalk hervor. Etwas weiter westlich werden diese Mitteltriasgesteine an einer großen Nord-Süd verlaufenden Verwerfung abgeschnitten und grenzen an Juragesteine. Durch die Bewegungen an dieser Verwerfung wurde der Gesteinsverband zerbrochen und aufgelockert. An dieser Schwächezone konnte die Erosion am leichtesten angreifen und der Rinnerberger Bach, der einen guten Kilometer bachaufwärts von Schmiedleithen in den Heindlbach mündet, begann hier sein Tal einzukerben.

25.1 Das Wohnhaus der Schwarzen Grafen in Schmiedleithen.

25.2 Auch eine Mühle gehört zum Ensemble der Schmiedleithen. In einer gemauerten Rinne (Fluder) wurde das Wasser des Heindlbachs auf das Mühlrad geleitet.

25.3 Die kleine Felsrippe im Vordergrund besteht aus obertriassischem Korallenkalk, dahinter stürzt der 10 m hohe Rinnerberger Wasserfall über eine Wand aus grauem Jurakalk.

25.3

25.4 Kalksintervorhang im unteren Abschnitt der Rinnerberger Klamm.

25.5 Der versteinerte Korallenstock ist etwas verwitterungsbeständiger als der umgebende Obertriaskalk. Daher bilden die Korallen auf der Gesteinsoberfläche ein Relief.

Da die Verwerfungsfläche nach Osten geneigt ist, die Erosion aber immer senkrecht nach unten geht, fließt der Rinnerberger Bach heute etwas westlich der Hauptverwerfung, und die Klamm ist fast ausschließlich in Juragesteinen angelegt. Aber auch diese sind an kleineren Bruchzonen stark gegeneinander versetzt. Diese Zerlegung des Gesteinsverbands ist nicht ungewöhnlich, denn der Nordrand der Kalkalpen ist nur einen Kilometer entfernt. In der Rinnerberger Klamm sind wir daher nahe an der Überschiebungsbahn, auf der die Nördlichen Kalkalpen als Ganzes nach Norden bewegt wurden.

Erfrischungen

Nach der Abzweigung von der Heindlbach-Straße führt der markierte Wanderweg zunächst nach links hinauf durch ein Bergsturzgelände. Dann kommen die ersten Felswände aus rotem Jurakalk. Nach dem Steg, der über den Rinnerberger Bach führt, gelangen wir in eine Schlucht mit senkrechten Kalkwänden. Auf dem Boden der Schlucht liegen Felssturzblöcke, zwischen denen der Bach, der manche der Blöcke mit Kalksintervorhängen überzogen hat, schäumend und strudelnd dahinschießt. Das Wasser hat also offenbar einen so hohen Kalkgehalt, dass daraus Kalk ausgefällt wird, vor allem wenn der Bach über Moos oder andere Pflanzen fließt, die dem Wasser Kohlenstoffdioxid entziehen. Und wenn wir schon bei der Botanik sind, soll hier auch auf die Hirschzungenfarne hingewiesen werden, deren hellgrüne glänzende Blätter immer wieder im Felssturzgelände und an den Felswänden zu sehen sind.

Die Wanderung entlang des Rinnerberger Bachs ist das Richtige für heiße Tage. In die Schlucht fällt selten ein Sonnenstrahl, und wem trotzdem zu heiß wird, der kann sich ja in einen der Tümpel setzen und das Gefühl genießen, bei lebendigem Leib zum Eisblock zu werden. Weniger Mutige nutzen vielleicht das Eisloch zur Abkühlung, aus dem gleich neben dem Wanderweg ein frischer Windhauch herausbläst. Und dann ist da noch der Rinnerberger Wasserfall, wo alles zusammenkommt: Tümpel, Dusche und frischer Wind.

Mehrmals täglich fahren zwischen Steyr und Kirchdorf an der Krems Autobusse der Linie 433. Von der Station Leonstein-Schloss gelangt man über das Freilichtmuseum Schmiedleithen (www.schmiedleithen.at), eine vollständig erhaltene Sensenschmiede, zum Eingang der Klamm.

⌖ 47°54'41"N 014°12'19"E – Wasserfall

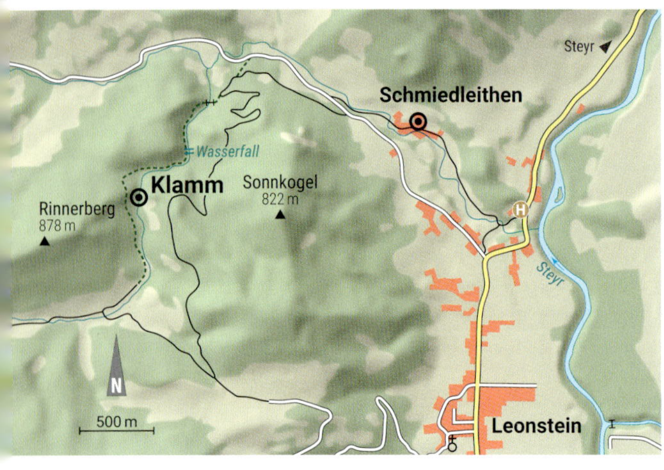

25.6 Als Klammen werden in Österreich und Bayern sehr enge Schluchten mit teilweise überhängenden Wänden bezeichnet. Die Rinnerberger Klamm ist ein gutes Beispiel für diese Talform.

Schlucht, Kerbtal, Klamm, Sohlental

Die etwa zehn Meter hohe Wasserfallstufe am Ende der Schlucht besteht aus Jurakalk, aber die Felsrippe unmittelbar vor dem Wasserfall besteht aus älterem Gestein aus der späten Trias-Zeit (Rhaetium). Auf der Oberfläche dieses hellen Kalksteins sieht man zentimeterdicke Röhren auswittern. Wer genau schaut, kann erkennen, dass die Querschnitte dieser Röhren in zahlreiche Segmente unterteilt sind, wie es für Korallen typisch ist. Am Wasserfall selbst ist deutlich zu erkennen, dass auch hier das Wasser eine Schwächezone im Gestein ausgenützt hat, wo dieses stark zerbrochen ist. Diese Kerbe ist zum Teil mit herabgestürzten Felsblöcken wieder verfüllt worden.

Einige Meter neben dem Wasserfall führt eine Eisenstiege bequem durch den Fels. Dann folgt bis zur eigentlichen Rinnerberger Klamm eine flache Talstrecke. Im Gegensatz zu den fast senkrechten Wänden der Schlucht, die wir weiter bachabwärts durchwandert haben, sind die Hänge nun viel flacher und bilden einen v-förmigen Talquerschnitt. Solche Täler werden als Kerbtäler bezeichnet. Nach diesem Talabschnitt kommt die eigentliche Klamm, die nur ein schmaler Durchlass mit nach oben zusammenlaufenden überhängenden Wänden aus Jurakalk ist. Beim heutigen Ausgang der Klamm war früher sicher auch ein Wasserfall, aber das Wasser hat hier schon ganze Arbeit geleistet und sich bis zum Niveau der anschließenden Bachstrecke durch den Felsen geschnitten.

Begeistert von den Talformen des Rinnerberger Bachs stürmen wir den steilen Hang neben der Klamm hinauf. Der Weg führt durch verschiedene Jurakalke und an der sogenannten Bärenhöhle vorbei, dann kommen wir in den Hauptdolomit, einer weiteren Seichtwasserablagerung aus der späten Trias-Zeit (Norium), die etwas älter ist als der Korallenkalk beim Wasserfall. Hier tritt eine kühle Quelle aus, die eine weitere willkommene Erfrischung bietet, bevor wir auf einen breiten Talboden kommen, der typisch für ein sogenanntes Sohlental ist. Es ist das der vierte Taltyp auf dieser in jeder Hinsicht erfrischenden Wanderung, die uns zurück nach Leonstein führt, wenn wir noch über die Viehweide gehen und dann bei der Brücke dem asphaltierten Güterweg nach links folgen.

26

Klamm mit Doktortitel

Die Dr. Vogelgesang-Klamm bei Spital am Pyhrn

Literatur: Prey, 1992

Egal ob Kleinkind oder rüstiger Achtzigjähriger, alle könnten problemlos die Klamm durchwandern, verkündet das Schild neben dem Kassahüttchen. Dennoch komme ich als einigermaßen fitter Endfünfziger auf den ungefähr 500 Stufen dann doch ganz ordentlich ins Schnaufen. Aber es pressiert ja nicht, ganz im Gegenteil, für die wildromantische Szenerie sollte man sich Zeit nehmen.

Auf dem Holzsteg lässt sich die Klamm bequem erkunden.

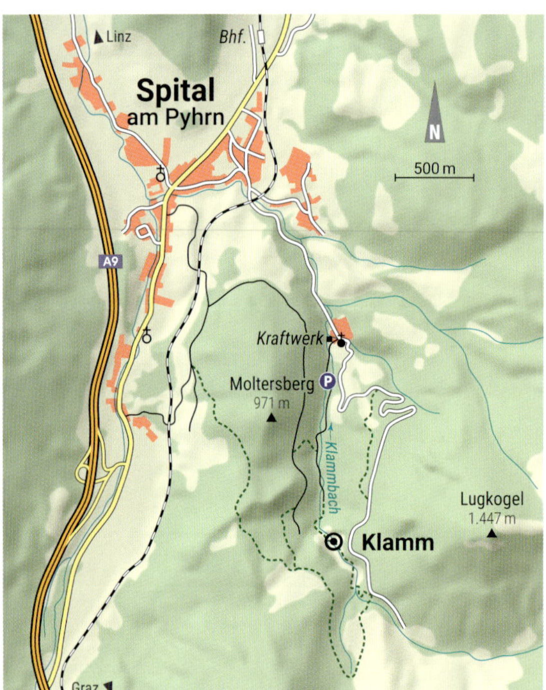

Vom Bahnhof in Spital am Pyhrn ist es ein etwa dreiviertelstündiger Fußweg zum Eingang der Klamm. Der Weg ist gut ausgeschildert und trifft bald auf den Klammbach, dem er bachaufwärts folgt. Noch vor dem kleinen Kraftwerk Trattenbachfall springen die auffällig rot gefärbten Sandsteine und Tonsteine der Werfen-Formation ins Auge, die im Bachbett und entlang der Straße immer wieder aufgeschlossen sind. Diese wurden in der frühen Trias-Zeit, also vor rund 250 Millionen Jahren, in einem sehr flachen Meer in der Nähe von Flussmündungen abgelagert.

Direkt nach dem Kraftwerk biegt der Weg nach rechts ab und führt 600 m durch ein gemütliches Tal, das ebenfalls in der Werfen-Formation angelegt ist, die aber oft von Grundmoräne bedeckt ist, die der Gletscher der letzten Eiszeit hinterlassen hat. Direkt am Beginn der Klamm bildet eine Verwerfung die

Zum Bahnhof Spital am Pyhrn fahren im Zweistundentakt Züge von Linz aus oder von Selzthal. Der Eingang der Klamm ist etwa 3 km vom Bahnhof entfernt.

⌖ 47°38'51"N 014°21'12"E – Kassa

Grenze zwischen Werfen-Formation und Dachsteinkalk. Der Kalk ist viel härter und viel schwerer zu erodieren als die Gesteine der Werfen-Formation. In letztere konnte sich der Bach daher leicht eingraben, während sich der harte Kalk der Abtragung widersetzte. Dadurch bildete sich im Lauf der Zeit an der Grenze beider Gesteine eine Wasserfallstufe. Diese wurde durch die Tätigkeit des Wassers langsam immer weiter nach hinten versetzt und so die schmale Klamm aus dem Dachsteinkalk gesägt.

Bescheiden wird der akademische Titel oft weggelassen, aber Vogelgesang-Klamm allein ist irreführend, denn die Vögel singen hier nicht mehr als anderswo. Benannt ist die Klamm nach Dr. Moritz Vogelgesang, dem früheren Gemeindearzt, Obmann des Verschönerungsvereins und Sektionsvorstand des Alpenvereins in Spital am Pyhrn, der für die Sommerfrischler bereits im Jahr 1906 einen Weg durch die Klamm anlegen ließ, der 1913 einem Hochwasser zum Opfer fiel. Erst 1926 wurde der Weg durch die Klamm wieder begehbar gemacht.

Heute führt ein mit Eisenstützen fest im Fels verankerter Holzsteg entlang der senkrechten Felswände und überquert mit mehreren Brücken das Bachbett. Das Wasser fällt über eine Reihe kleiner Wasserfälle kaskadenförmig nach unten und hat unter jedem Wasserfall ein wannenförmiges Felsbecken ausgehöhlt. Solche Becken werden als Gumpen bezeichnet.

Neben der letzten Wasserfallstufe führt der Steig steil nach oben zur Zufahrtsstraße der Bosruckhütte, die nur eine Viertelstunde entfernt und ein idealer Platz ist, um bei einer ausgiebigen Jause wieder zu Kräften zu kommen.

Bodinge nennt man in Oberösterreich solche vom Wasser ausgehöhlten Strudeltöpfe. Boding leitet sich von Bottich her, was die Form dieser Felsbecken gut beschreibt, die heute aber meist Gumpen genannt werden.

Die meisten Stufen sind am Beginn der Klamm zu bewältigen.

27

Satanische Felsen

Die Teufelskirche bei St. Pankraz

Literatur: HASEKE, 1991

Der Teufel wurde immer dort gern bemüht, wo die Natur aus dem Rahmen fällt und nicht den üblichen Vorstellungen entspricht. Unerklärliche, „abnorme" Landschaftsformen konnten nur ein Produkt satanischer Aktivität sein. Wenn das stimmt, sollten wir dem Teufel danken für all die interessanten Dinge, die er uns beschert hat. Aber jetzt ohne langes Dahergerede: Bei der Entstehung der sagenumwobenen Teufelskirche, einer Naturbrücke am Südfuß des Sengsengebirges, können wir den Leibhaftigen aus dem Spiel lassen, denn sie ist ein Produkt der Erosion.

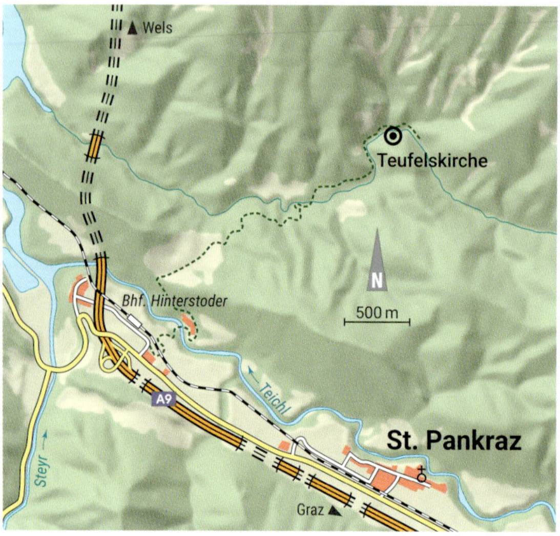

Die Geschichte der Teufelskirche beginnt in der Mitteltrias-Zeit vor rund 240 Millionen Jahren. Damals wurde in einer seichten tropischen Meereslagune der Kalkschlamm gebildet, aus dem sich der beige und weiß gefärbte Wettersteinkalk entwickelte, der heute das Sengsengebirge aufbaut, an dessen südlichen Fuß sich die Teufelskirche befindet. Fast 200 Millionen Jahre lang lagerte das Meer auf dem Wettersteinkalk noch die unterschiedlichsten Sedimente ab, bevor in der Eozän-Zeit die Gesteinsschichten deformiert wurden und sich schließlich die Alpen zu heben begannen. Mit der Hebung setzte auch gleich die Abtragung ein. Die den Wettersteinkalk überlagernden Schichten wurden dadurch manchmal vollständig entfernt, so dass sich der Kalk heute direkt an der Erdoberfläche befindet.

Schöne Aussichten

Den Wettersteinkalk der Südhänge des Sengsengebirges sehen wir schon auf dem markierten Weg zur Teufelskirche. Besonders schön ist der Ausblick vom Gehöft Pernkopf, wobei man dort nicht vergessen sollte, sich einmal umzudrehen, um auch das großartige Panorama des Toten Gebirges zu würdigen. Dieses besteht aus Dachsteinkalk, der gute 30 Jahrmillionen weniger auf dem Buckel hat als der Wettersteinkalk.

27.1 Über dem großen, bogenförmigen Durchgang der Teufelskirche sind im Wettersteinkalk mehrere kleinere Löcher zu sehen.

Vom Bahnhof Hinterstoder der Kremstalbahn ist es ein etwa einstündiger Spaziergang auf asphaltierten Güterwegen und Forststraßen bis zur Teufelskirche.

⌖ 47°47'13"N 014°12'16"E

27.1

27.2

27.3

27.4

Nach den schönen Bauernwiesen mit den herrlichen alten Mostbirnbäumen beim Gehöft Pernkopf der Familie Redtenbacher geht es hinunter ins Vordere Rettenbachtal. Der Bach fließt hier zwischen Konglomeratwänden aus der letzten Eiszeit. Das wahrscheinlich zwischen 20.000 und 30.000 Jahre alte Konglomerat liegt manchmal direkt auf dem Wettersteinkalk, der hier schon niedrige Wände bilden kann. Gleich nach der ersten Brücke verkündet ein Schild, dass wir jetzt den Nationalpark Kalkalpen betreten. Bald zweigt nach links der Weg zum Spering (1.605 m) ab, dem westlichsten Gipfel des Sengsengebirges.

Zur Teufelskirche geht es aber an der Forststraße weiter am Bach entlang, bis nach etwa 10 Minuten ein Steig nach rechts hinunter ins Bachbett führt. An der Abzweigung des Pfads macht eine Tafel darauf aufmerksam, dass die Teufelskirche im Jahr 1984 zum Naturdenkmal erklärt wurde. Vielleicht hat dabei doch der Teufel seine Hand im Spiel gehabt, denn leider steht auf der Tafel die diabolisch falsche Information, der Felsbogen wäre in Jurakalk angelegt.

Das Loch und sein Drumherum

Den Wettersteinkalk, der das Felsentor tatsächlich aufbaut, sehen wir, nachdem wir über den Steig hinunter in das ausgetrocknete Bachbett gestiegen sind und am Gegenhang wieder hinauf. Unterschiedlich große Kalkblöcke liegen da herum, viele von ihnen völlig von Moos überzogen. Es ist ein richtiger Moosteppich, der hier im Wald in frischem Grün leuchtet. Der üppige Moosbewuchs zeigt, dass diese Blöcke in einer überaus feuchten Umgebung liegen müssen. Üblicherweise tritt hier die Rettenbachquelle aus, aber auch sie ist nach der wochenlangen Trockenheit vor unserem Besuch versiegt. Dabei ist es eigentlich eine Riesenquelle mit einer durchschnittlichen Schüttung von über tausend Litern pro Sekunde. Nach ausgiebigen Regenfällen kann diese Schüttung sogar auf mehr als 37.000 Sekundenliter ansteigen. Die Rettenbachquelle ist eine Karstquelle, das heißt, sie entspringt am Ausgang eines Höhlensystems, das den Wettersteinkalk durchzieht.

Über den prächtigen Moosteppich wollen wir mit unseren Wanderschuhen nicht trampeln, schließlich sind wir gut erzogen, also gehen wir an seinem Rand die kurze Strecke hinauf zur eigentlichen Teufelskirche. Das bogenförmige Loch im Fels hat eine Höhe von bis zu 16 m und eine Breite von bis zu 12 m. Darüber sind noch mehrere kleine, fensterartige Durchbrüche zu sehen. Der Fels ist stark zerbrochen, klüftig sagen dazu die Geologen, und ist daher sehr anfällig für Steinschlag, wie die vielen bis metergroßen Blöcke zeigen, die unter dem Felsentor liegen. Das Durchschreiten des Felsentors ist daher durchaus mit mulmigen Gefühlen verbunden.

27.5

27.6

27.2 Der Wettersteinkalk an der Teufelskirche ist von vielen Klüften durchzogen. An diesen Rissen zerfällt der Kalkstein, wodurch es zu häufigem Steinschlag kommt.

27.3 Die bergwärts gelegene Seite der Teufelskirche, unter der kantige Felsbrocken auf die Steinschlaggefahr hinweisen.

27.4 Zwischen dem eckigen Steinschlagmaterial liegen Kalkgerölle, die durch den Transport in fließendem Wasser gerundet wurden. Sie wurden von der Rettenbachquelle aus der Höhle gespült.

27.5 Auch wenn die Quelle gerade versiegt ist, wird ihre Lage durch die üppig mit Moos bewachsenen Felsblöcke angezeigt.

27.6 Am Forstweg zur Teufelskirche sind oft Mohrenfalter (*Erebia aethiops*) zu beobachten.

Eine Frage der Zeit

Ausgangspunkt für die Entstehung des Felsbogens war sicher die Verkarstung des Wettersteinkalks. Durch geringe Gehalte von Kohlensäure kann das einsickernde Regenwasser Kalk auflösen. Hier gilt der alte Spruch vom steten Tropfen, der den Stein höhlt. Ist erst einmal ein Hohlraum entstanden, kommen neben der Kalklösung noch weitere Vorgänge zum Tragen, die für eine Vergrößerung der Höhle sorgen.

In die Klüfte oder Risse des Gesteins sickert Wasser ein, das bei Frost dort gefriert. Durch den Druck des Eises kann es zur sogenannten Frostsprengung kommen, durch die Klüfte ausgeweitet und Gesteinsbrocken losgelöst werden können. Verstärkt werden die Auswirkungen der Frostsprengung durch die Schwerkraft, durch die sich Steine vom Dach der Höhle lösen und auf den Höhlenboden fallen. Alle diese Vorgänge werden im Bereich der Teufelskirche durch die starke Klüftigkeit des dortigen Wettersteinkalks besonders begünstigt.

Der Zahn der Zeit nagt so immer weiter am Gestein, frisst daran, bis irgendwann das Felsdach der Naturbrücke einbrechen wird, so wie in vorhistorischer Zeit schon der bergwärts gelegene Teil der Höhle zusammengebrochen ist. Erst dadurch entstand aus einer Höhle der Felsenbogen der Teufelskirche.

28

Gut nass!

Die Rinnende Mauer bei Molln

Literatur: van Husen, 1975, 1987

Die bis zu 40 m hohen Wände der Steyr-Schlucht zwischen Molln und Leonstein bestehen aus verfestigten Schotterablagerungen der letzten Eiszeit. Mitten aus der Konglomeratwand sprudelt an der Rinnenden Mauer das Grundwasser und bildet einen glitzernden Vorhang.

28.1

Seit das Kraftwerk Klaus im Jahr 1975 seinen Betrieb aufgenommen hat, ist die ehemals schönste Schluchtstrecke der Steyr in einem Stausee versenkt. Erst weiter flussabwärts darf die Steyr auch heute noch ungehindert fließen. Ein frei fließender, nicht regulierter Alpenfluss ist heutzutage ja schon eine kleine Sensation. Der Blick von der Mollner Stefaniebrücke hinab in die Steyr-Schlucht ist so beeindruckend, dass wir es kaum erwarten können, zum klargrünen Wasser zu kommen. Von der Bushaltestelle beim Gasthaus Stefaniebrücke führt eine schmale Straße hinunter zum Beginn des Schluchtsteigs, der vom Alpenverein instandgehalten wird. Eine Tafel weist darauf hin, dass es sich um einen alpinen Weg handelt, der Trittsicherheit erfordert, außerdem ist mit Steinschlag zu rechnen. Wir lassen uns davon nicht entmutigen und folgen einem Fliegenfischer, der allerdings bald darauf auf dem Hangschutt hinunter zum Fluss steigt, während wir auf dem Steig weiter am Fuß der Konglomeratwände gehen.

Mehrmals täglich fahren zwischen Steyr und Kirchdorf an der Krems Autobusse der **Linie 433**, die auf der Mollner Seite der Stefaniebrücke halten. Von dort führt, am Gasthaus Stefaniebrücke (www.stefaniebruecke.at) vorbei, ein markierter Weg durch die Steyr-Schlucht zur Rinnenden Mauer.

⌖ 47°54′30″N 014°14′18″E

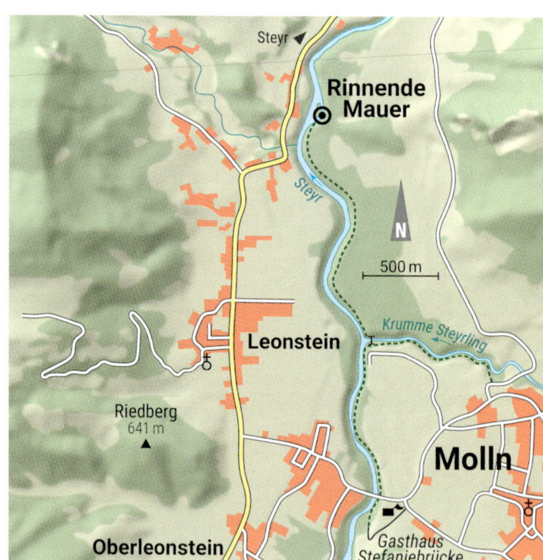

Jede Menge Kies

Die Wände sind gute vierzig Meter hoch. So tief hat sich die Steyr in ihre eigenen Ablagerungen eingeschnitten. Da stellt sich natürlich die Frage: Wieso schüttet ein Fluss das eine Mal gewaltige Schottermassen auf, und wieso räumt der gleiche Fluss den Schotter später wieder aus und transportiert ihn weiter in Richtung Meer? Die Antwort darauf gibt das Klima, oder besser gesagt, der Klimawandel am Ende der vorerst letzten Eiszeit. Diese Würm-Eiszeit begann vor 115.000 Jahren und endete vor rund 12.000 Jahren.

Vor allem zwischen 40.000 und 20.000 Jahren vor heute, während des Höhepunkts der Würm-Eiszeit, war Pflanzenbewuchs im Vorfeld der Gletscher und zwischen den Gletscherzungen kaum vorhanden. Der freiliegende Fels war stark dem frostigen Klima und damit der Verwitterung ausgesetzt, wodurch große Mengen an Lockermaterial entstanden. Auch die Gletscher selbst führten große Mengen solchen Materials mit sich, das teils am Gletscherrand zu Endmoränen aufgehäuft wurde, teils von den Gletscherbächen abtransportiert wurde. Dabei wurden die ursprünglich eckigen Gesteinstrümmer zu Geröllen gerundet.

Während der Kaltzeit überstieg die Menge des anfallenden Gerölls die Transportkapazität der Fließgewässer und es wurde als Kies entlang der Flüsse und Bäche abgelagert. Mit der zunehmenden Klimaerwärmung und der Entwicklung einer geschlossenen Pflanzendecke, ging die Menge des vorhandenen Verwitterungsschutts stark zurück, dadurch verringerte sich die Geröllfracht der Flüsse und ihre Erosionskraft nahm zu, so dass sie sich in die zuvor aufgeschotterten Ebenen einzuschneiden begannen. Auf diese Weise entstand während der letzten 20.000 Jahre die Steyr-Schlucht.

Moostuff

Der von der Steyr während der letzten Eiszeit aufgeschüttete Kies wird in der Umgebung von Molln in mehreren Kiesgruben abgebaut. Diese liegen nur wenige hundert Meter östlich der Schlucht. Das in den Kiesgruben gewonnene Material ist völlig unverfestigt, an den Schluchtwänden ist der Kies hingegen zu einem ziemlich harten Konglomerat zusammengebacken. Hier haben wir es mit dem Phänomen der Talrandverkittung zu tun. In Schotter mit vielen Kalkgeröllen hat das Grundwasser einen hohen Anteil an gelöstem Kalk. Solche Wässer werden als hartes Wasser bezeichnet. Durch die Verdunstung

28.1 Die Steyr knapp nördlich der Einmündung der Steyrling.

28.2 Kiesbank an der Steyr nördlich der Stefaniebrücke.

28.3 Stellenweise überdacht das Konglomerat den Schluchtweg.

des an den Kiesböschungen austretenden Grundwassers wird Kalk ausgefällt, der die Gerölle wie Zement zu einem festen Gestein verbindet. Pflanzen, die an Quellaustritten wachsen, entziehen dem Wasser Kohlendioxid, wodurch sich ebenfalls Kalk abscheidet, der als Moostuff bezeichnet wird. Er kann häufig auch an der Rinnenden Mauer beobachtet werden.

Da die einzelnen Schotterlagen unterschiedlich stark verkittet sind, verwittern sie auch unterschiedlich. Härtere Lagen treten als Überhänge aus der Wand hervor und sind, wenn sie zu weit herauswittern, anfällig für Steinschlag und Felsstürze. Die zahlreichen Felssturzblöcke am Fuß der Wand sorgen beim Wandern unter den vorkragenden Felsdächern für ein mulmiges Gefühl und einen beschleunigten Schritt.

Seltsame Quellen

Der Grundwasserspiegel in einem schottergefüllten Flusstal liegt etwa auf der gleichen Höhe wie die Wasseroberfläche des Flusses und bewegt sich parallel zum Fluss. Schneidet sich der Fluss tiefer ein, sinkt auch der Spiegel des Grundwasserbegleitstroms. Aber dann kommen wir zur Rinnenden Mauer und sehen, dass das Grundwasser dort 7 m über dem Fluss heraussprudelt und heraustropft, in schmalen Fäden über das Moos rinnt, in kleinen Wasserfällen auf den lockeren Kies am Wandfuß platscht. Aus dem Grundwasserbegleitstrom kann dieses Wasser nicht kommen, es ist ein seitlicher Wasserzutritt aus Osten. Offenbar liegen dort unter dem Schotter wasserstauende Schichten. Es sind tonige Ablagerungen eines Sees, der zwischen der vorletzten und letzten Eiszeit im Mollner Becken existierte.

Egal, woher das Wasser kommt, die Rinnende Mauer ist in jedem Fall sehenswert und der Anmarsch durch die Schlucht ein Abenteuer.

28.4 Moostuff

28.5 Der freigespülte Wurzelstock einer Hainbuche am Steyrufer.

28.6 Die Rinnende Mauer mit ihrer üppigen Quellflora.

28.6

29

Wasserwege

Der Pießling-Ursprung bei Roßleithen

Literatur: PREY, 1992; SPÖTL et al., 2016; HOHENSINNER et al., 2001

Am Nordrand der Warscheneck-Gruppe entspringt aus einer Höhle im Dachsteinkalk (Obertrias) eine der größten Quellen der Ostalpen. Nach heftigen Regenfällen führt die Quelle der Pießling bis zu 40.000 l Wasser pro Sekunde, aber selbst nach niederschlagsarmen Zeiten ist sie ein eindrucksvolles Naturschauspiel.

Die Warscheneck-Gruppe erstreckt sich vom Salzsteigjoch bis zum etwa 20 km weiter östlich gelegenen Teichl-Tal bei Spital am Pyhrn. Der westliche Teil des Gebirges besteht vor allem aus Hauptdolomit aus der späten Trias-Zeit und ist daher wenig verkarstet. Der östliche Teil hingegen wird aus ebenfalls obertriassischem Dachsteinkalk aufgebaut, und dieser ist löchrig wie ein Schweizer Käse. Im Regenwasser in geringen Mengen enthaltene Kohlensäure reicht aus, um die Oberfläche des Kalks zu zerfressen und beim Eindringen in den Untergrund werden im Lauf der Zeit Hohlräume bis hin zu großen Höhlensystemen geschaffen. Im Warscheneck-Gebiet wurden bisher mehr als 280 Höhlen entdeckt, und die Untersuchungen sind noch lange nicht abgeschlossen.

Das in den Gipfelregionen der Warscheneck-Gruppe einsickernde Wasser braucht zwischen 4 und 6 Tagen bis es mehr als tausend Meter tiefer am Pießling-Ursprung wieder ans Tageslicht tritt. Das haben Markierungsversuche ergeben, bei denen in das einsickernde Wasser Substanzen gemischt wurden, die in der Natur nicht vorkommen. Meist handelt es sich um Farbstoffe, die mit physikalischen Methoden auch in geringsten Mengen noch nachweisbar sind, auch wenn sie mit bloßem Auge nicht zu sehen sind. Gelingt der Nachweis dieser vorher eingespeisten

Der Höhlenausgang mit dem Pießling-Ursprung.

Die Pießling etwa 100 m unterhalb ihres Ursprungs. In der Kalkwand im Hintergrund ist das Dach des Höhlenportals erkennbar. Am Hang rechts neben der Pießling sieht man ein kurzes Stück der Rohrleitung des Sensenwerks. Das Bild wurde nach einer langen Trockenperiode aufgenommen. Bei Hochwasser liegt ein Großteil der moosüberwucherten Blöcke unter Wasser.

Zwischen Hinterstoder und dem Bahnhof Windischgarsten verkehren mehrmals täglich Autobusse. Die Busstation Roßleithen Ortsmitte ist in unmittelbarer Nähe des Sensenwerks.

⌖ 47°41'31"N 014°16'30"E – Pießling-Ursprung

In der im Jahr 1882 erbauten Stummer-Mühle wurde mit der Wasserkraft der Pießling Getreide gemahlen.

Stoffe an einer Quelle, kennt man das Einzugsgebiet der Quelle und die Verweildauer des Wassers im Untergrund. Mit diesem Wissen können dann Wasserschutzgebiete abgegrenzt werden.

Unterirdische Gefahren

Will man den Verlauf des Wassers noch genauer erkunden, bleibt nur übrig, durch die Höhlen zu kriechen oder zu tauchen. Und das ist oft alles andere als einfach. Vor allem der Pießling-Ursprung, eine der größten Quellen der Ostalpen, stellt die Höhlenforscher immer wieder vor große Probleme. Durch die schwierigen Umstände ist bisher erst ein 1,6 km langer Teil der Höhle erkundet. Der Quelltopf führt annähernd senkrecht bis in eine Tiefe von etwa 50 m, steigt dann wieder auf eine Wassertiefe von 40 m an und fällt danach auf mehr als 80 m Tiefe ab. Durch diese große Tiefe und die starke Strömung, mit der das Wasser herausgedrückt wird, ist die Erforschung des u-förmigen Gangs auch für Höhlentaucher schwierig und sehr gefährlich und manche büßten für ihren Forscherdrang und ihre Entdeckerfreude mit dem Leben. So starb im Jahr 1987 ein Höhlentaucher, der auf der Suche nach einer vermissten Höhlentaucherin war. Seine Leiche konnte rasch geborgen werden, die Überreste der jungen Frau dagegen fand man erst sechs Jahre später.

Nomen est omen

Nach dem Quellaustritt aus der Dachsteinkalkwand stürzt das Wasser der Pießling über eine Geländestufe aus mitteltriassischem Wettersteinkalk, der vom Dachsteinkalk durch eine Verwerfung getrennt ist. Anschließend rauscht die Pießling als Wildbach zwischen herrlich bemoosten Felsblöcken durch ihr Tal bis sie nach sieben Kilometern in die Teichl mündet. Die Ursprünge der Namen „Pießling“ und „Teichl“ kommen wie viele Namen im Stodertal aus dem Slawischen und verweisen auf den unterschiedlichen Charakter der beiden Wasserläufe. Während

Der Waldhammer der Sensenfabrik wurde 1886 gebaut. Bis 1992 wurden hier Sensen erzeugt. Das Wasser für den Betrieb der Hämmer wurde in einer Holzrinne, einer sogenannten Fluder, ins Werk geleitet.

„Pießling“ von einem slawischen Wort für „rasen“ oder „wüten“ abgeleitet werden kann, geht „Teichl“ auf ein Wort für „still“ zurück. Tatsächlich hat die Pießling ein viel stärkeres Gefälle und damit eine höhere Fließgeschwindigkeit als die Teichl.

Mühlen

Die durchschnittliche Schüttungsmenge des Pießling-Ursprungs beträgt rund 2.000 l Wasser pro Sekunde – genug, um damit eine Stadt mit mehreren Hunderttausend Einwohnern zu versorgen. Das Wasser, das die gusseiserne Rohrleitung von der Quelle wegführt, dient aber nicht der Trinkwasserversorgung, sondern betreibt seit dem Jahr 1909 die Turbinen im Elektrizitätswerk der Sensenfabrik Schröckenfux. Folgt man dem Weg neben der Leitung, kommt man zuerst an der Stummermühle vorbei, einer alten Getreidemühle aus dem 19. Jahrhundert, die nach einer Renovierung im Jahr 1997 wieder betriebsbereit und zu bestimmten Zeiten für Besucher geöffnet ist. Noch ein Stück bachabwärts befindet sich der Waldhammer, in dem bis zum Jahr 1992 die Sensenproduktion lief. Erst danach führt die Zufahrtsstraße an den heutigen Produktionsstätten der Sensenfabrik Schröckenfux vorbei.

Spitaler „Marmor“

Rechts der Straße steht noch das alte Hammerherrenhaus, dessen Türstürze aus Spitaler Marmor bestehen, die von einem abgebrannten Teil des alten Stiftgebäudes in Spital stammen. Es handelt sich dabei um keinen richtigen Marmor, sondern um eine Kalkbrekzie. Dieses wunderschöne Dekorgestein besteht aus eckigen Triaskalkkomponenten, die in einer hellroten Grundmasse „schwimmen“. Es wurde am Beginn der Jura-Zeit, also vor rund 200 Millionen Jahren, direkt auf dem Dachsteinkalk abgelagert. Steinbrüche im Spitaler Marmor sind nicht bekannt, sondern das Material wurde vermutlich aus Bergsturzblöcken gewonnen, die südwestlich von Spital am Pyhrn im Wald lagen.

Der Spitaler Marmor der Türstürze des alten Herrenhauses (1860–1863) der Sensenfabrik stammt von einem abgebrannten Teil des aufgelassenen Stiftes Spital.

Das längste Sensenblatt der Welt ist 545 cm lang und 71 kg schwer und wurde im Jahr 2004 in Roßleithen erzeugt.

30

Fortschreitende Verkalkung

Der Kalktuff bei Gaissulz

Literatur: PFUNDNER & PAVUZA, 2010

Die meisten von uns haben keine Freude mit der Verkalkung. Und damit ist gar nicht das Zeug gemeint, das sich in unseren Blutgefäßen festsetzt, sondern die Kalkablagerungen, die unsere Waschmaschinen, Kaffeemaschinen oder Wasserleitungen ruinieren. Deswegen sollte sich aber niemand von einem Ausflug ins Ybbstal abhalten lassen, wo das Moos verkalkt und man miterleben kann, wie ein Gestein entsteht.

30.1

Auf den Punkt gebracht, funktioniert es in etwa so: Vor mehr als 200 Millionen Jahren setzte sich in den seichten Randgebieten des tropischen Tethysmeeres weicher Kalkschlamm ab, der mit immer neuen Sedimenten zugedeckt wurde. Unter dem Druck dieser Überlagerung verfestigte sich der Schlamm im Lauf der Zeit zu hartem Kalkstein. Bewegungen der Erdkruste brachten dieses Gestein irgendwann zurück an die Erdoberfläche, wo es seither dem Regenwasser ausgesetzt ist, das den Kalk auflöst und abtransportiert. Ein Teil dieses Wassers versickert im Untergrund und kommt in Quellen wieder ans Tageslicht. An den Quellaustritten wird ein Teil des gelösten Kalks als poröser Kalktuff abgesetzt. Durch die Überlagerung mit immer neuen Tufflagen verdichtet sich der Kalktuff und wird so zu wieder zu einem Gestein, das hart genug ist, um sogar als Baustein Verwendung zu finden.

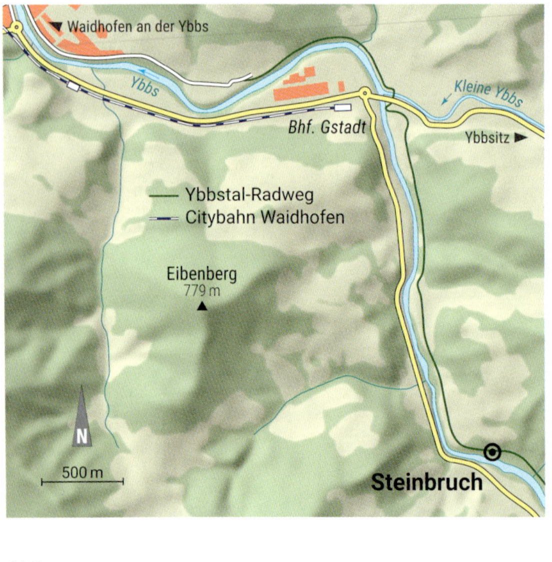

30.1 Direkt neben dem Ybbstal-Radweg, der auf der aufgelassenen Bahntrasse angelegt wurde, befinden sich die bis zu 10 m hohen Abbauwände des alten Tuffsteinbruchs.

30.2 Nässe und Feuchtigkeit führen in der Umgebung der Quelle zu üppigem Wachstum von Moos, das dem Wasser Kohlenstoffdioxid entzieht, wodurch Kalk ausgefällt wird, der als helle Kruste das Moos überzieht.

Zwischen dem Bahnhof Waidhofen und dem Bahnhof Gstadt verkehrt die Citybahn. Von Gstadt führt der Ybbstal-Radweg (Richtung Lunz) direkt am Gaissulzer Steinbruch vorbei.

⌖ 47°55′34″N 014°49′59″E

30.2

30.3 Erste dünne Kalkkrusten setzen sich auf dem Moos ab, das trotzdem noch weiterwächst.

30.4+5 Über die Jahre werden die konzentrischen Kalkkrusten immer dicker, und nur manchmal sind noch Moosreste im jetzt harten Gestein erkennbar. Bildbreite ca. 5 cm

Kalt oder warm?

Aber wieso entstehen Kalktuffe an Quellaustritten? Je nachdem, ob es sich um eine Thermalquelle oder eine kalte Quelle handelt, gibt es unterschiedliche Entstehungsprozesse dieser Süßwasserkalke. Voraussetzung ist immer, dass im Einzugsgebiet der Quelle Kalk vorkommt, der vom Wasser gelöst werden kann. Entscheidend für das Ausmaß der Kalklösung ist der Kohlenstoffdioxidgehalt des Wassers. Thermalquellen werden oft durch ins Wasser eintretende vulkanische Gase aufgeheizt, die zu einem großen Teil aus Kohlenstoffdioxid bestehen. Es entsteht Kohlensäure, die im Untergrund Kalk lösen kann. Beim Quellaustritt entweicht durch die Druckentlastung ein Teil des Kohlenstoffdioxids in die Luft, wodurch die Kalklöslichkeit abnimmt und Kalk ausgefällt wird.

Auch Regenwasser enthält immer etwas Kohlenstoffdioxid, meist aber viel weniger als vulkanisch aufgeheizte Quellen. Trotzdem wird Kalk gelöst. Bei kalten Quellen wie in Gaissulz kommt es beim Quellaustritt neben der Druckentlastung auch zu einer Erwärmung des Wassers, wodurch ebenfalls die Kalklöslichkeit abnimmt. Wichtiger für die Kalkausscheidung ist aber das Vorhandensein von Moosen, Algen und Cyanobakterien, die um Quellaustritte meist üppig wachsen. Pflanzen entziehen dem Wasser Kohlenstoffdioxid, wodurch es in diesem Fall zur Kalkabscheidung kommt. Diese findet direkt auf der Oberfläche der Pflanzen statt, auf der sich eine Kalkkruste bildet, wodurch ein Teil der Pflanze „versteinert“. Da die Pflanzen aber Licht benötigen, überwachsen sie die Kalkkrusten wieder und so entsteht, Lage für Lage, ein Kalktuff.

Brücken und Brunnen

Der ausgehärtete Kalktuff eignet sich gut als Baustein, da er wegen seiner hohen Porosität leichter ist als gewöhnlicher Kalkstein. Das kleine Pumpenhäuschen im alten Steinbruch wurde natürlich aus dem hier gewonnenen Gestein gebaut, genauso wie die Bögen der eindrucksvollen alten Eisenbahnbrücke zwischen Gstadt und Gaissulz, oder die zwei Bögen und die Brüstung der Brücke, die vom Rothschild-Schloss im Ortszentrum von Waidhofen über den Schwarzbach führt. Die Bogenzwickel dieser Brücke wurden mit kreidezeitlichem Sandstein der Altlengbach-Formation gemauert, aus dem die meisten Gebäude Waidhofens bestehen. Beide Brücken entstanden im ausgehenden 19. Jahrhundert, zur Zeit der stärksten Abbautätigkeit in Gaissulz. Doch auch später wurde das Gestein noch verwendet, wie der anlässlich des 70. Geburtstags des Bürgermeisters Plenker im Jahr 1908 errichtete Brunnen im Waidhofener Schillerpark zeigt.

Die Brüstung und die Gewölbe der Brücke über den Schwarzenbach hinüber zum Rothschild-Schloss bestehen aus Kalktuff, die Zwickel dazwischen und die Schlossmauern aus Sandsteinen der Altlengbach-Formation.

Foto: Johanna Brückl

Hans Egger

wurde 1960 in Elsbethen bei Salzburg geboren. Nach dem Abschluss des Studiums der Geologie und Paläontologie an der Universität Salzburg und mehreren Auslandsaufenthalten begann er 1990 seine berufliche Karriere an der Geologischen Bundesanstalt in Wien. Er ist dort heute Leiter der Abteilung für Paläontologie und Stratigraphie. Schwerpunkt seiner wissenschaftlichen Arbeit ist die geologische Erforschung der nördlichen Ostalpen und die zeitliche Einstufung von Gesteinen mit Nannofossilien. Die meisten seiner rund 180 Publikationen befassen sich mit der Geologie der Nördlichen Kalkalpen, des Rhenodanubikums und des Helvetikums.

Danksagung

Ohne der bewährten Zusammenarbeit mit Markus Kogler wäre das Projekt vermutlich nie zum Abschluss gekommen. Markus brachte viele wertvolle Ideen ein, entwarf und setzte das Layout um und ließ sich durch meine Schlampigkeit und die vielen Änderungswünsche nicht entmutigen. In den letzten zehn Jahren betreute Markus alle meine Publikationen, wofür ich ihm und seiner schier unendlichen Geduld nicht genug danken kann.

Meine Arbeiten in Oberösterreich begannen bereits im Jahr 1982 mit einer Dissertation im Gebiet südöstlich von Steyr. Die Enns bildete die „Demarkationslinie" zum Gebiet meines Studienkollegen, des jetzigen Salzburger Landesgeologen Rainer Braunstingl, mit dem sich eine überaus rege und anregende Freundschaft entwickelte. Neben anderen Aktivitäten unternahmen Rainer und ich auch nach unserer Promotion unzählige gemeinsame geologische Exkursionen und führten heftige Diskussionen, deren Erkenntnisse dieses Buch maßgeblich prägten. Ebenfalls bereits im Jahr 1982 begann die bis heute andauernde fruchtbare Zusammenarbeit mit Dirk van Husen, der mir bei vielen Gelegenheiten die Bedeutung quartärer Ablagerungen erklärte und nahebrachte.

Ein weiterer bewährter Freund und Diskussionspartner ist Klaus Schwerd vom Bayerischen Geologischen Landesamt, das inzwischen in dieser Form leider Geschichte ist, so wie die Geologische Bundesanstalt in Wien vermutlich bald Geschichte sein wird. Klaus und ich unternahmen zahlreiche gemeinsame Exkursionen nicht nur in Oberösterreich, sondern im ganzen Bereich des Alpen-Karpatenbogens, von der Schweiz bis nach Rumänien.

Dankbar erinnere ich mich an einen weiteren Münchner Freund und Kollegen, an den leider früh verstorbenen Konrad Weidich von der Bayerischen Staatssammlung für Paläontologie und historische Geologie, der mir mit seiner mikropaläontologischen Expertise bei mehreren geologischen Fragestellungen in Oberösterreich half. Tatkräftige Unterstützung im Gelände bekam ich auch von den Geologenkollegen und Freunden Johanna und Ewald Brückl, Stjepan Ćorić, Dieter Fellner, Thomas Hornung, Friedl Nussbaumer und Georg Pum. Alfred Uchman von der Jagiellonen-Universität in Krakau unterstützte mich mit seinem immensen Wissen über Spurenfossilien.

Für die Bereitstellung von einigen Bildern geht herzlicher Dank an Monika Brüggemann-Ledolter, Gerhard Mandl und Fred Rögl. Beim Team des Pustet-Verlags bedanke ich mich für die großartige Kooperation während der Vorbereitung und Herstellung des Buchs.

Im Lauf der letzten Jahrzehnte hatte ich während meiner Geländeaufenthalte in Oberösterreich zahlreiche verschiedene Quartiere und durfte dabei viele hilfsbereite Menschen kennenlernen. Besonders für die herzliche Aufnahme bedanken möchte ich mich bei den Familien Aglas (Reichraming), Holzinger (Laussa), Höritzauer (Waidhofen/Ybbs), Kalleitner (Schörfling), Kollinger (Viechtwang), Marxrieser (Losenstein), Reiter (Pinsdorf), Schiefermair (Grünau), Schlager (Reichraming) und Schraml (Pechgraben).

Glossar

A

Ablagerung, Ablagerungsgesteine
Gesteine, die durch die Ablagerung von mineralischem oder organischem Material an der Erdoberfläche entstehen. Die Ablagerung kann durch unterschiedliche Prozesse geschehen (chemische Ausfällung; biologische Entstehung; Ablagerung durch Wasser, Eis oder Wind; Ablagerung nach Transport durch die Schwerkraft).

Abtragung
Durch Wasser, Eis, Wind oder alleine durch die Schwerkraft wird Gesteinsmaterial auf der Erdoberfläche bewegt.

Ammoniten
Am Ende der Kreide-Zeit ausgestorbene Verwandte der Tintenfische. Fast alle Arten dieser Meeresbewohner hatten spiralig aufgerollte Gehäuse. Das größte bisher in Österreich gefundene Ammonitengehäuse wurde in der Nähe des Paß Gschütt entdeckt und hat einen Durchmesser von knapp einem Meter.

Anhydrit
Mineral (Kalziumsulfat), das bei Verdunstung von Kalziumsulfat-übersättigtem Meerwasser bei Wassertemperaturen von mehr als 35 °C entsteht. Unter Wasseraufnahme (und Zunahme des Volumens) wird aus Anhydrit Gips.

Asche
Vulkanische Asche ist kein Verbrennungsprodukt, sondern bezeichnet feinkörnige (<2 mm) vulkanische Ablagerungen, die bei explosiven Vulkanausbrüchen ausgeworfen worden sind.

Asteroid
Kleinplaneten mit Durchmessern zwischen 1 km und 1.000 km werden als Asteroide bezeichnet. Über 600.000 solche die Sonne umkreisende Himmelskörper sind bekannt, ihre tatsächliche Anzahl ist vermutlich wesentlich größer.

Aufschluss
An der Erdoberfläche ist der Felsuntergrund oft mit Lockermaterial oder Boden bedeckt. Orte, an denen das Gestein zugänglich ist, werden Aufschlüsse genannt.

B

Bankung
Ablagerungsgesteine zeigen oft eine deutliche Unterteilung in parallele Abschnitte, die als Bänke bezeichnet werden. Eine Bank kann zwischen einem Zentimeter und mehreren Metern dick sein. Innerhalb der Bänke können oft mm-dicke Lagen auftreten, die als Schichtung bezeichnet werden. Bankung und Schichtung deuten auf Änderungen in den Ablagerungsbedingungen hin.

Benthos
Alle Organismen, die am Boden von Gewässern leben.

Brekzie
Gestein, das zum überwiegenden Teil aus eckigen Bruchstücken besteht.

D

Decke
Ein ausgedehnter, oft Tausende Quadratkilometer großer Gesteinskörper, der durch tektonische Kräfte kilometerweit auf andere Gesteine überschoben wurde.

Dinoflagellaten
Eine Gruppe pflanzlicher Einzeller (Algen), die vorwiegend im Meer leben und dort in den oberen Wasserschichten einen Teil des Phytoplanktons bilden.

Diskordanz
Trennfläche, die eine Sedimentationsunterbrechung innerhalb einer Gesteinsabfolge belegt. Durch Hebungen der Erdkruste oder durch eine Senkung des Meeresspiegels setzte die Sedimentation aus, gleichzeitig kam es oft zur Abtragung vorher gebildeter Sedimente.

Dolomitstein
Eine Mischung aus Kalzium- und Magnesium-Karbonat.

Dünnschliff
Wenige Hundertstel Millimeter dickes, lichtdurchlässiges Gesteinsplättchen, mit dem der Gesteinsaufbau unter dem Mikroskop analysiert wird.

E

Erdfall
Einsturztrichter an der Erdoberfläche, der durch das Einbrechen eines Hohlraumes im Untergrund entstanden ist.

Erdkruste
Es gibt zwei unterschiedliche Erdkrustentypen. Im Bereich der Ozeanbecken ist sie zwischen 5 und 7 km dick und zeigt vorwiegend basaltische Zusammensetzung. Im Bereich der Kontinente ist die Kruste zwischen 30 und 60 km dick und zeigt granitische Zusammensetzung.

Erosion
s. Abtragung

Exotischer Block
Fremdartig in Bezug auf die Gesteine der Umgebung.

F

Fenster
Tektonische Fenster sind Öffnungen oder Lücken in einer Decke. Innerhalb des Fensters sind von der Decke überschobene Gesteine aufgeschlossen.

Formation
Eine definierte Gesteinsabfolge, die im Gelände gut erkennbar und verfolgbar ist. Eine Formation sollte solche Ausmaße haben, dass sie zumindest auf einer Karte im Maßstab 1:10.000 darstellbar ist. Formationen können weiter in Sub-Formationen unterteilt sein.

Flysch
Bezeichnung für mächtige Turbiditabfolgen. Da es keine gültige Definition des Begriffs gibt, sollte er besser nur im historischen Zusammenhang verwendet werden.

Foraminiferen
Tierische Einzeller, die fast ausschließlich im Meer vorkommen, wo sie sowohl als Benthos am Meeresboden als auch als Plankton in der Wassersäule leben können.

Fossilien
Belege für Leben in der Erdgeschichte vor dem Holozän. Körperfossilien sind die Überreste von Lebewesen, Spurenfossilien entstanden durch die Tätigkeiten von Lebewesen. Der Größe nach kann zwischen Makrofossilien (mit freiem Auge sichtbar), Mikrofossilien (mit einer starken Lupe erkennbar) und Nannofossilien (bei starker Vergrößerung im Lichtmikroskop erkennbar) unterschieden werden.

G

Gips
Mineral (wasserhaltiges Kalziumsulfat), das bei Verdunstung von Kalziumsulfat-übersättigtem Meerwasser entsteht, wenn die Wassertemperatur weniger als 35 °C beträgt.

Granit
Gestein, das in der Erdkruste durch das langsame Abkühlen und Erstarren einer Gesteinsschmelze (Magma) gebildet wird. Hauptbestandteile eines Granits sind die Minerale Quarz, Feldspat und Glimmer.

H

Helvetikum
Tektonische Decken, die nach der Schließung des Penninischen Ozeans im Bereich des ehemaligen Schelfmeers am europäischen Kontinentalrand abgeschert wurden. Die in den helvetischen Decken auftretenden Gesteine wurden zwischen dem Perm und dem späten Eozän gebildet.

Hornsteinknolle
In Kalkschlamm können sich große Mengen von Schwammnadeln und anderen aus Siliziumdioxid bestehenden organischen Resten befinden. Während der Gesteinsbildung wird das Siliziumdioxid mobilisiert und reichert sich in Knollen und Lagen an.

Huminsäure
Gruppe von Säuren, die aus teilweise abgebauten pflanzlichen Stoffen bestehen. Diese bilden im Boden den Humus, eine meist dunkle Masse organischer, schwer abbaubarer Substanzen. Ein Teil der Huminsäuren ist wasserlöslich, daher kommt die braune Farbe des Moorwassers, aber auch des Tees.

K

Karbonatgesteine
Gesteine, die aus Karbonatmineralen aufgebaut werden. Kalkstein ist vor allem aus Kalziumkarbonat (Kalzit) aufgebaut, Dolomitstein aus Kalzium-Magnesium-Karbonat (Dolomit).

Karst
Karstlandschaften entstehen, wenn durch die im Niederschlagswasser gelöste Kohlensäure Karbonatgesteine korrodiert werden. Außer den Karbonatgesteinen können auch Sulfatgesteine (Gips, Anhydrit) verkarsten.

Kies
Sediment mit gerundeten Komponenten, die Korngrößen zwischen 2 mm und 63 mm aufweisen.

Kollision
Zusammenstoß kontinentaler Krustenteile zweier Lithosphärenplatten. Die Alpen sind das Ergebnis der Kollision zwischen der Europäischen und Adriatischen Platte vor 42 Millionen Jahren in der Eozän-Zeit.

Kontinentalabhang
Untermeerischer Hang zwischen dem Schelfrand und dem Tiefseeboden. Der Kontinentalabhang hat durchschnittlich ein Gefälle von 1–2° und kann bis zu 200 km breit sein.

Konglomerat
Verfestigter Kies

Korngröße
Begriff, um die Größe der Komponenten eines Sedimentes und Sedimentgesteins zu beschreiben.

L

Lithosphäre
Bis zu 200 km dicke, äußerste Schale der Erde, die aus der Erdkruste und dem obersten Erdmantel besteht.

M

Mergel
Feinkörniges Sediment oder Gestein (Mergelstein), das sowohl aus Kalk- als auch aus Tonpartikeln besteht. Bei höheren Kalkgehalten spricht man von „Kalkmergel", bei hohem Tongehalt von „Tonmergel".

Molasse
Der Abtragungsschutt eines aufsteigenden Gebirges wird als Molasse bezeichnet. Da die Hebung der Alpen im Eozän begann, setzte auch die alpine Molassesedimentation zu dieser Zeit ein. Die Molasse umfasst sowohl Meeresablagerungen als auch Flussablagerungen.

Moräne
Sediment, das durch die Anhäufung von Gesteinsschutt entstanden ist, der im oder auf dem Gletschereis transportiert wurde. Moränen zeigen keine Korngrößensortierung, große Blöcke und feinkörniges Material kommen gemeinsam vor. Grundmoränen werden unter dem Gletscher gebildet und sind durch die Auflast des Gletschereises verfestigt. Endmoränen entstehen am Gletscherrand und sind umso ausgeprägter, je länger der Gletscherrand ortsfest war.

N

Nannoplankton
Vorwiegend Meeresalgen (Phytoplankton), die winzige kalkige Gehäuseelemente besitzen. Diese Algen kommen auch in den heutigen Ozeanen vor, fossil sind sie seit der späten Trias bekannt. Die einzelnen Elemente haben Durchmesser von einigen Tausendstel bis maximal wenige Hunderstel Millimeter.

Nekton
Alle Organismen, die aktiv schwimmend in Gewässern vorkommen.

Nördliche Kalkalpen
Ein bis zu 50 km breiter Teil der nördlichen Ostalpen, der sich vom Alpenrheintal bis zum Wiener Becken erstreckt. Die Schichtfolge besteht fast ausschließlich aus Meeresablagerungen, die vom späten Perm bis in das Oligozän gebildet wurden. Die Hauptmasse dieser Gesteine sind mächtige Kalk- und Dolomitabfolgen aus der Triaszeit.

O

Ophikarbonat
Entsteht durch die Umwandlung von *Serpentinit* durch kohlenstoffdioxidhaltige Lösungen. Ophikarbonate bestehen aus Serpentin- und Karbonatmineralen.

P

Penninischer Ozean
Ein östlicher Seitenast des Atlantiks, der sich im frühen Jura zu öffnen begann und im Eozän (Lutetium) wieder geschlossen wurde.

Plankton
Lebewesen, die nicht aktiv schwimmen, sondern in Wasserströmungen triften. Das Plankton besteht sowohl aus Pflanzen (Phytoplankton) als auch aus Tieren (Zooplankton).

Pollen
Der Blütenstaub oder Pollen setzt sich aus einzelnen Pollenkörnern zusammen, die meist Durchmesser von einigen Hundertstel Millimetern haben. Die Pollenkörner sind die Träger der männlichen Keimzellen von Blütenpflanzen.

R

Radiolarien
Tierische Einzeller, die als Plankton ausschließlich im Meerwasser vorkommen. Sie besitzen filigrane Gehäuse aus Siliziumdioxid.

Radiolarit
Ablagerungsgestein, das zu einem großen Teil aus den mikroskopisch kleinen Gehäusen von Radiolarien besteht.

Rhenodanubische Zone
Eine schmale geologische Einheit der nördlichen Ostalpen, die sich vom Rheintal bis zum Donautal verfolgen lässt. Sie stammt aus dem *Penninischen Ozean* und wird fast ausschließlich aus Turbiditen aufgebaut, die zwischen der frühen Kreide-Zeit und dem frühen Eozän gebildet wurden. Mit einem alten Begriff wird die Rhenodanubische Zone auch als Flyschzone bezeichnet.

S

Sandstein
Verfestigter Sand. Sand besteht aus karbonatischen und/oder *siliziklastischen* Komponenten, die einen Durchmesser zwischen 2 mm und 0,063 mm besitzen.

Schelfmeer
Bis zu 200 m tiefes Meer, das den äußeren Rand (= Schelf) von Kontinenten bedecken kann. Im Gegensatz zu „echten" Ozeanbecken besteht die Kruste des Schelfs aus granitischen Gesteinen.

Schichtfolge
Eine Abfolge von Gesteinen.

Schichtlücke
Zeitabschnitte, die innerhalb einer Schichtfolge nicht durch Sedimente dokumentiert sind. Derartige Schichtlücken sind durch Sedimentationsunterbrechungen, oft auch verbunden mit der Abtragung zuvor abgelagerter Sedimente, bedingt.

Schichtung
s. Bankung

Sedimentation
s. Ablagerung

Sedimente, Sedimentgestein
s. Ablagerungsgestein

Serpentinit
Das meist grüne Gestein Serpentinit besteht im Wesentlichen aus Serpentinmineralen. Diese entstanden durch die Umwandlung (Metamorphose) olivinreicher Gesteine unter Beteiligung heißer wässriger Lösungen.

Siltstein
Verfestigter Silt. Silt besteht aus karbonatischen und/oder siliziklastischen Komponenten, die einen Durchmesser zwischen 0,063 mm und 0,02 mm besitzen.

Siliziklastisch
Wenn Sand, Silt und Ton vor allem aus silikatischen Komponenten (z.B. Quarz, Feldspat, Glimmer) bestehen, werden sie als siliziklastische Sedimente bezeichnet (das griechische Wort klastos bedeutet „in Stücke zerbrochen"), da ihre Komponenten von anderen Gesteinen stammen, die zerstört wurden. Siliziklastische Ablagerungen bilden bei Weitem die Hauptmasse der auf der Erdoberfläche gebildeten Sedimente.

Suspension
Stoffgemisch aus einer Flüssigkeit und darin in Schwebe befindlichen Hartteilen.

T

Tektonik
Beschreibt die Struktur (= tektonischer Bau) der Lithosphäre und die Bewegungen, die diese Struktur erzeugen.

Terrassenschotter
Während der glazialen Episoden im Pleistozän schütteten die in zahlreiche Rinnen aufgespaltenen Flüsse im Vorfeld der Gletscher weite Schotterebenen auf. Während der wasserreichen interglazialen Episoden schnitten sich die Flüsse in diese Ebenen ein. So entstanden markante Geländestufen (Terrassenkanten) in den mächtigen Talfüllungen.

Tonstein
Ablagerungsgestein, dessen Komponenten kleiner als 0,002 mm sind.

Trübestrom
Eine *Suspension* aus Wasser und Sediment, das sich unter dem Einfluss der Schwerkraft über dem Boden eines stehenden Gewässers nach unten bewegt. Die Bewegung setzt sich auch bei sehr geringen Hangneigungen noch fort. Trübeströme können Geschwindigkeiten von 80 Stundenkilometern erreichen und sich über viele Hunderte Kilometer fortbewegen.

Turbidit
Ablagerung aus einem Trübestrom. In Abhängigkeit von der Geschwindigkeit des Trübestroms und der Korngröße des transportierten Materials entstehen bestimmte Sedimentstrukturen (Abnahme der Korngröße von unten nach oben, Parallelschichtung, Schrägschichtung).

U

Ultrahelvetikum
Tektonische Decken, die nach der Schließung des Penninischen Ozeans im Bereich des ehemaligen nördlichen Kontinentalabhangs abgeschert wurden. Die in den ultrahelvetischen Decken auftretenden Gesteine wurden zwischen der Trias und dem mittleren Eozän gebildet.

V

Verwerfung (Störung)
Grenzfläche, an der es innerhalb des Gesteinskörpers zu *tektonischen* Bewegungen gekommen ist. Gesteine unterschiedlichen Alters und unterschiedlicher Entstehung können an einer Verwerfung aneinandergrenzen.

Literaturhinweise

Im hier vorgegebenen Rahmen können nur einige Hinweise auf weiterführende Literatur gegeben werden und keine vollständige Bibliografie. Alle von der Österreichischen Geologischen Gesellschaft (www.univie.ac.at/ajes/) und der Geologischen Bundesanstalt (www.geologie.ac.at/onlineshop/) herausgegebenen Publikationen sind unentgeltlich digital verfügbar.

Abele, G. (1970): Der Bergsturz im Almtal im Toten Gebirge. Mitteilungen der österreichischen geografischen Gesellschaft 112, 120–124.

Bauer, F. (1953): Der Kalkalpenbau im Bereiche des Krems- und Steyrtales in Oberösterreich. In: Küpper, H. (Hrsg.): Skizzen zum Antlitz der Erde (L. Kober-Festschrift), 107–130, Wien (Hollinek).

Butler, R.J. | Jones, A.S. | Buffetaut, E. | Mandl, G.W. | Scheyer, T.M. | Schultz, O. (2019): Description and phylogenetic placement of a new marine species of phytosaur (Archosauriformes: Phytosauria) from the Late Triassic of Austria. Zoological Journal of the Linnean Society, 2019, XX, 1–31.

Clar, E. | Horninger, G. (1964): Übersichtsexkursion Baugeologie. Mitteilungen der geologischen Gesellschaft Wien 57, 107–145.

Decker, K. (1990): Plate tectonics and pelagic facies: Late Jurassic to Early Cretaceous deep-sea sediments of the Ybbsitz ophiolite unit (Eastern Alps, Austria). Sedimentary Geology, 67, 85–99.

Egger, H., (1995): Die Lithostratigraphie der Altlengbach-Formation und der Anthering-Formation im Rhenodanubischen Flysch (Ostalpen, Penninikum). Neues Jahrbuch für Geologie und Paläontologie Abhandlungen, 196, 69–91, Stuttgart.

Egger, H. (2007): Erläuterungen zu Blatt 66 Gmunden. 66 S., Wien (Geologische Bundesanstalt).

Egger, H. (2009): Rhenodanubische Flyschzone und Südhelvetikum in Salzburg und Oberösterreich (Exkursion I am 17. April 2009). Jahresberichte und Mitteilungen des Oberrheinischen Geologischen Vereines, Neue Folge, 91, 367–392.

Egger, H. (2017): Lebensräume. 144 S., Salzburg (Pustet).

Egger, H. | Husen, D. van (2007): Erläuterungen zu Blatt 67 Grünau im Almtal. 68 S., Wien (Geologische Bundesanstalt).

Egger, H. | Rupp, Ch. (2007): Beiträge zur Geologie Oberösterreichs. Arbeitstagungsband der Geologischen Bundesanstalt in Linz, 266 S.

Egger, H. | Husen, D. van (2011): Erläuterungen zu Blatt 69 Großraming. 118 S., Wien (Geologische Bundesanstalt).

Egger, H. | Wessely, G. (2014): Wienerwald. Geologie, Stratigraphie, Landschaft und Exkursionen. 205 S., Stuttgart (Gebrüder Borntraeger).

Engleitner, J. (1806): Die Schleifsteinbruch Manipulation nach allen Theillen der vorkomenden Arbeiten. 31 S. Faksimile-Ausgabe mit einem Nachwort von Fitz, O. & Weineck, H. (Miskolc-Waidhofen 1990).

Exner, Ch. | Zirkl, E.J. (1962): Serpentin und Ophicalcit vom Steinbruch „Tommach" bei Gstadt (Klippenzone bei Waidhofen a. d. Ybbs). Verhandlungen der Geologischen Bundesanstalt, Jahrgang 1962, 45–49.

Federspiel, F. (1992): Flussverbauung und Wasserbauten an der Traun. Katalog des oberösterreichischen Landesmuseums, Neue Folge Nr. 54, 185–204.

Fugger, E. (1903): Die oberösterreichischen Voralpen zwischen Irrsee und Traunsee. Jahrbuch k.k. Geologische Reichsanstalt 53, 295–350.

Geyer, G. (1915): Aus den Umgebungen von Mitterndorf und Grundlsee im steirischen Salzkammergut. Jahrbuch k.k. Geologische Reichsanstalt 65, 177–238.

Gruber, B. | Thaler, H. (1999): Die Rohstoffe der OÖ. Eisenwurzen. OÖ. Geonachrichten, Jahrgang 14, 3–14.

Hauer, F. von | Hörnes, M. (1858): Das Buch-Denkmal. 34 S., Wien (Zamarski).

Höck, V. | Ślączka, A. | Gasiński, M.A. | Bąk, M. (2005): Konradsheim limestone of the Gresten Klippenzone (Austria): new insight into its stratigraphic and paleogeographic setting. Geologica Carpathica 56, 237–244.

Hohensinner, K. | Reutner, R. | Wiesinger, P. (2001): Die Ortsnamen der politischen Bezirke Kirchdorf an der Krems, Steyr-Land und Steyr-Stadt. Ortsnamenbuch des Landes Oberösterreich, 7, 276 S., Wien (Verlag der Österreichischen Akademie der Wissenschaften)

Husen, D. van (1975): Die quartäre Entwicklung des Steyrtales und seiner Nebentäler. Jahrbuch des oberösterreichischen Musealvereins 120, 271–289.

Husen, D. van (1987): Die Ostalpen in den Eiszeiten. Populärwissenschaftliche Veröffentlichungen der Geologischen Bundesanstalt, 24 S. und eine Übersichtskarte (Wien).

Husen, D. van | Ivy-Ochs, S. | Alfimov, V. (2007): Mechanism and age of late glacial landslides in the Calcareous Alps; the Almtal, Upper Austria. Austrian Journal of Earth Sciences 100, 114–126.

Kohl, H. (2000): Das Eiszeitalter in Oberösterreich. Schriftenreihe des oberösterreichischen Musealvereins 17, 487 S., Linz.

Kollmann, H. (1968): Zur Gliederung der Kreideablagerungen der Weyrer Bögen (OÖ). Verhandlungen der Geologischen Bundesanstalt, Jahrgang 1968, 126–137.

Lemmerhofer, C. (2010): Schleifsteine aus Niederösterreich. Unpublizierte Masterarbeit Universität Wien, 117 S.

Lipold, M.V. (1865): Das Kohlengebiet in den nordöstlichen Alpen. Jahrbuch k.k. Geologische Reichsanstalt 15, 1–164.

Pavuza, R. (2012): Höhlen im Flysch in Österreich. International Union of Speleology, Pseudokarst Commission, Newsletter 23, 7–13.

Pfundner, G. | Pavuza, R. (2010): Sicherung der Kalktuffquellen in Niederösterreich. 112 S. (Projektendbericht des Naturschutzbundes Niederösterreich und der Karst- und Höhlenkundlichen Abteilung des Naturhistorischen Museums Wien).

Prey, S. (1953): Flysch, Klippenzone und Kalkalpenrand im Almtal bei Scharnstein und Grünau (OÖ). Jahrbuch der Geologischen Bundesanstalt 96, 301–343.

Prey, S. (1983): Das Ultrahelvetikum-Fenster des Gschliefgrabens südsüdöstlich von Gmunden (Oberösterreich). Jahrbuch der Geologischen Bundesanstalt 126, 95–127.

Prey, S. (1992): Das Flyschfenster von Windischgarsten und seine Umgebung – Eine Dokumentation über Schichtfolgen und Tektonik. Jahrbuch der Geologischen Bundesanstalt 135, 513–577.

Rabeder, G. | Gruber, B. (1986): Höhlenbär und Bärenjäger. Ausgrabungen in der Ramesch-Knochenhöhle im Toten Gebirge. Kataloge des OÖ. Landesmuseums, Neue Folge Nr. 6, 31 S., Linz (Oberösterreichisches Landesmuseum).

Rögl, F. | Langegger, H. (1982): Rehkogelgraben in the Cretaceous of the Helvetic Zone. In: Kollmann, H. & Summesberger, H. (Red.): Excursions to Coniacian-Maastrichtian in the Austrian Alps. 4th meeting working group Coniacian-Maastrichtian stages, 21–29.

Sachsenhofer, R.F. (1987): Fazies und Inkohlung mesozoischer Kohlen der Alpen Ostösterreichs. Mitteilungen österreichische geologische Gesellschaft 80, 1–45.

Schadler, J. (1959): Zur Geologie der Salzkammergutseen. Schriften des österreichischen Fischereiverbandes, H.2, 36–54.

Schlüsslmayr, G. (1996): Die Moose und Moosgesellschaften der exotischen Granitblöcke im Raum Großraming (Leopold von Buch – Denkmal). Beiträge zur Naturkunde Oberösterreichs 4, 153–217.

Spötl, C. | Plan, L. | Christian, E. (2016): Höhlen und Karst in Österreich. 752 S., Linz (Oberösterreichisches Landesmuseum).

Thaler, H. (1978): Das Windloch im Damberg bei Steyr (Oberösterreich). Die Höhle – Zeitschrift für Karst- und Höhlenkunde, 29. Jahrgang/H.1, 10–14.

Trauth, F. (1954): Zur Geologie des Voralpengebietes zwischen Waidhofen an der Ybbs und Steinmühl östlich von Waidhofen. Verhandlungen der Geologischen Bundesanstalt, Jahrgang 1954, 89–140.

Vialov, O.S. (1989): Paleoichnologicheskie etiudi. Paleontologicheskiy Sbornik 26, 72–78, Moskau.

Wagreich, M. | Bojar, A-V. | Sachsenhofer, R.F. | Neuhuber, S. | Egger, H. (2008): Calcareous nannoplankton, planktonic foraminiferal, and carbonate carbon isotope stratigraphy of the Cenomanian–Turonian boundary section in the Ultrahelvetic Zone (Eastern Alps, Upper Austria). Cretaceous Research 29, 965–975.

Weidinger, J.T. (2003): Der Bergsturz vom Toten Gebirge ins Almtal – Ablagerungen einer Massenbewegung ohne Herkunftsgebiet? In: Weidinger, J.T. | Lobitzer, H. | Spitzbart, I. (Hrsg.): Beiträge zur Geologie des Salzkammerguts, Gmundner Geostudien 2, 395–404.

Weidinger, J.T. (2017): Chronik eines „vorhergesagten" Erdstroms – das 2007/2008 Gschliefgraben Ereignis, Oberösterreich. In: Wimmer-Frey, I. | Römer, A. | Janda, Ch. (Red.): Arbeitstagungsband der Geologischen Bundesanstalt, 163–172.

Werckmeister, K. (1898): Das neunzehnte Jahrhundert in Bildnissen (5 Bände). Kunstverlag der Photographischen Gesellschaft (Berlin).

Wessely, G. (1991): „Das Alpenvorland" und „Die Alpen" (Voraussetzungen und Stand des Aufschlusses) in: Exploration von Kohlenwasserstoffen in Oberösterreich. Magazin ÖMV Gruppe 1, April 1991, 38–49.

Widder, R. (1986): Neuinterpretation des Buchdenkmalgranites. Diskussion alter und neuer Argumente. Mitteilungen Gesellschaft Geologie Bergbaustudenten Österreichs 33, 287–307.

2 cm

Noch ein letztes Beispiel für geologische Detektivarbeit gefällig? Auf dem Bild ist der Längsschnitt durch das Gehäuse einer Meeresschnecke der Gattung *Trochactaeon* aus der späten Kreide-Zeit zu sehen. Nach dem Tod der Schnecke wurde ihr Gehäuse fast völlig mit grauem Schlamm gefüllt, nur in zwei Windungen blieben kleine Hohlräume erhalten, in denen später weißer Kalkspat auskristallisierte. Mit diesen Hohlräumen, sogenannten „fossilen Wasserwaagen", lässt sich die ursprüngliche Lage des Gehäuses im Gestein rekonstruieren. Oben war dort, wo die Hohlräume freiblieben, während der Schlamm nach unten zum Boden sank.

Ära	Periode	Epoche	Alter/Stufe	Mio. Jahre
Känozoikum	Quartär	Holozän		0,01
		Pleistozän	Tarantium	0,13
			Ionium	0,78
			Calabrium	1,81
			Gelasium	2,59
	Neogen	Pliozän	Piacenzium	3,6
			Zancleum	5,33
		Miozän	Messinium	7,25
			Tortonium	11,63
			Serravallium	13,82
			Langhium	15,97
			Burdigalium	20,44
			Aquitanium	23,03
	Paläogen	Oligozän	Chattium	28,1
			Rupelium	33,9
		Eozän	Priabonium	37,8
			Bartonium	41,2
			Lutetium	47,8
			Ypresium	56,0
		Paleozän	Thanetium	59,2
			Selandium	61,6
			Danium	66,0
Mesozoikum	Kreide	Oberkreide	Maastrichtium	72,1
			Campanium	83,6
			Santonium	86,3
			Coniacium	89,8
			Turonium	93,9
			Cenomanium	100,5
		Unterkreide	Albium	113,0
			Aptium	126,3
			Barremium	130,8
			Hauterivium	133,9
			Valanginium	139,4
			Berriasium	145,0
	Jura	Oberjura	Tithonium	152,1
			Kimmeridgium	157,3
			Oxfordium	163,5
		Mitteljura	Callovium	166,1
			Bathonium	168,3
			Bajocium	170,3
			Aalenium	174,2
		Unterjura	Toarcium	182,7
			Pliensbachium	190,8
			Sinemurium	199,3
			Hettangium	201,3
	Trias	Obertrias	Rhaetium	209,5
			Norium	228,4
			Karnium	237,0
		Mitteltrias	Ladinium	241,5
			Anisium	247,1
		Untertrias	Olenekium	250,0
			Induium	252,2
Paläozoikum	Perm	Lopingium	Changhsingium	254,2
			Wuchiapingium	259,8

Quelle: Internationale Stratigrafische Kommission (www.stratigraphy.org)

Hans Egger
Lebensräume
Ausflüge in die Erdgeschichte
von Salzburg und Oberbayern
VERLAG ANTON PUSTET

Hans Egger
Habitats
Excursions into the Earth History
of Salzburg and Upper Bavaria
VERLAG ANTON PUSTET

Josef Leitner

Oberösterreich erleben

Kuriose Plätze und besondere Ausflugsziele

Staunen, schaudern, schmunzeln: Kommen Sie mit auf eine Entdeckungsreise durch die facettenreichen Regionen Oberösterreichs! 77 leichte Wanderungen im Mühlviertel, Traunviertel, Salzkammergut, Innviertel, Hausruckviertel und im Zentralraum führen zu sehenswerten Kleinoden.

ISBN 978-3-7025-0966-8, € 24,–

Wolfgang Kauer

Felsbilder der Ostalpen

Das Erbe der Mondfrau

In einer Mischung aus Roman und Sachbuch werden mehr als 150 der aussagekräftigsten Felsbilder in Niederösterreich, Oberösterreich, Salzburg, der Steiermark, in Kärnten und Tirol sowie in den bayerischen Voralpen detailliert vorgestellt.

ISBN 978-3-7025-0880-7, € 28,–
eBook: 978-3-7025-8045-2

Tatjana Rasbortschan

75 Lehrwege und Erlebnispfade

Oberösterreich – Salzburg – Berchtesgaden

Die meisten Lehrpfade führen durch einzigartige Naturlandschaften und behandeln nicht nur ein besonderes Thema, sondern lehren uns auch, auf Dinge zu achten, die uns bisher vielleicht nicht aufgefallen sind. Sie erklären Zusammenhänge und Phänomene eindrucksvoll und einprägsam direkt an deren Quelle.

ISBN 978-3-7025-0707-7, € 22,–
eBook: 978-3-7025-8031-5

Wolfgang Kauer

Felsbilder der Alpen

Motive im internationalen Vergleich

Dieses Buch beantwortet sachlich, welche Motive der prähistorischen Felsbildkunst vorkommen, aus welchen Kulturen und Epochen sie stammen und was sie bedeuten. Besonders spannend gestaltet sich der Vergleich zwischen Frankreich, Italien, Österreich, Deutschland und der Schweiz.

ISBN 978-3-7025-0932-3, € 28,–
eBook: 978-3-7025-8058-2

DIE NÖRDLICHEN KALKALPEN

1. **Weißeneggbach** Grünau
2. **Höllengebirge** zw. Trauntal und Attersee
3. **Arzberg** Reichraming
4. **Sauzahn** Laussa
5. **Totes Gebirge** zw. Stodertal und Trauntal
6. **Gunstberg** Roßleithen
7. **Burgfelsen** Losenstein
8. **Stiedelsbach** Losenstein

DAS RHENODANUBIKUM

9. **Serpentinit** Gstadt
10. **Ophikarbonate** Gstadt
11. **Reidl-Steinbruch** Ybbsitz
12. **Seisenburg** Pettenbach
13. **Ahornleitengraben** Großraming
14. **Kugelsteine** Adlwang
15. **Schleifstein-Abbau** Böhlerwerk
16. **Spurenfossilien** Pinsdorf